山葡萄酒酿造技术

李明◎主编

SHANPUTAOJIU NIANGZAO JISHU

中国纺织出版社有限公司

图书在版编目（CIP）数据

山葡萄酒酿造技术/李明主编 . --北京：中国纺织出版社有限公司，2022. 11
ISBN 978-7-5229-0048-3

Ⅰ. ①山… Ⅱ. ①李… Ⅲ. ①葡萄酒—酿造 Ⅳ. ①TS262. 6

中国版本图书馆 CIP 数据核字（2022）第 208427 号

责任编辑：闫　婷　　责任校对：高　涵　　责任印制：王艳丽

中国纺织出版社有限公司出版发行
地址：北京市朝阳区百子湾东里 A407 号楼　邮政编码：100124
销售电话：010—67004422　传真：010—87155801
http://www.c-textilep.com
中国纺织出版社天猫旗舰店
官方微博 http://weibo.com/2119887771
北京虎彩文化传播有限公司印刷　各地新华书店经销
2022 年 11 月第 1 版第 1 次印刷
开本：710×1000　1/16　印张：10
字数：188 千字　定价：98.00 元

前　言

山葡萄酒是利用东北山区的野生葡萄酿造加工制成的，故称山葡萄酒。山葡萄极为耐寒，是繁殖耐寒葡萄的优良品种。我国于1957年开始进行野生山葡萄家植栽培实验。经过多年的研究与实践，野生山葡萄的大面积栽培已成为现实。山葡萄的产区分布很广，在我国以东北三省的产量最大。山葡萄色泽鲜艳，口味浓厚，具有野生果实特有的芳香。山葡萄的糖度低，酸涩味重，果汁含量少，不适合鲜食，却是酿造葡萄酒的良好原料，尤其是甜型葡萄酒。山葡萄酒色泽紫红透明，口味醇厚，浓香悠久，具有独特的红葡萄酒风味。

吉林省东南部鸭绿江北岸的鸭绿江河谷带，位于北纬40°~43°之间，正处于世界葡萄酒黄金带内，是我国特有的山葡萄种植绝佳之地，也是我国葡萄酒十大产区之一，更是我国高品质甜型葡萄酒的唯一产区。产区葡萄酒酿造历史悠久，20世纪50~60年代，通化山葡萄酒曾占据国内市场的半壁江山，产品远销美国、澳大利亚等30多个国家和地区，享誉全国，驰名中外。我国山葡萄酒取得的辉煌成绩足以证明其优秀品质和巨大的市场潜力。

但是，近些年来关于我国葡萄酒的研究和著作涉及山葡萄酒的内容不多。同时，受进口葡萄酒的挤压以及国内葡萄酒消费市场的不成熟，加之山葡萄酒产业整体发展水平不高，产区山葡萄酒品牌不够响亮，产品知名度不高，市场竞争力不强，市场占有率低，使我国本土山葡萄酒的发展受到制约，亟待振兴。在此背景下，作者总结了多年来山葡萄酒酿造的技术成果，结合生产实践，编成此书，希望对我国山葡萄酒产业的发展有所助益。

本书共分14章，其中第7章由李明、李百权共同编写，第14章由慈慧、张佳玉、刘红梅、李明共同编写，其余章节由李明编写。本书编写过程中，得到了许多山葡萄酒行业专家的帮助，在此，向关心、支持本书编写的专家们表示衷心感谢。由于笔者水平有限，书中错误和不足之处在所难免，敬请广大读者批评指正。

编　者

2022年6月

目　录

第1章　绪论

1.1　葡萄酒的起源与中国葡萄酒文化

1.1.1　葡萄酒的起源

葡萄是最古老的可食植物之一，据考古发现，野生葡萄起源于60万年前。与葡萄一同进化而来的还有酵母菌。只要成熟葡萄浆果果皮开裂，以休眠状态存在于果皮上的酵母菌就开始活动，葡萄酒酿造也就开始了，根本不需要人为加工。这就是为什么在人类起源的远古时期就有了葡萄酒。中国是世界人类起源中心之一，也是葡萄的起源中心之一，这就为我们的先民们发现并主动酿造葡萄酒提供了客观条件。2004年河南舞阳县贾湖遗址的研究结果说明人类至少在9000年前就开始酿造葡萄酒了，以及从河南罗山天湖商代古墓中出土的3000年前的葡萄酒，都能证明中国是世界葡萄酒发源地之一。大约在7000年以前，南高加索、中亚细亚、叙利亚、伊拉克等地区也开始了葡萄的栽培。公元前2000年，古巴比伦的汉谟拉比法典中已有关于葡萄酒买卖的规定，说明当时葡萄和葡萄酒生产已有相当的规模。公元前1000年前，希腊的葡萄种植已极为兴盛。希腊是欧洲最早开始种植葡萄并进行葡萄酒酿造的国家。随后，葡萄栽培和葡萄酒酿造技术传播到了罗马、法国、西班牙、北非和德国。15至16世纪，葡萄栽培和葡萄酒酿造技术传入南非、澳大利亚、新西兰、日本、朝鲜和美洲等地。

从葡萄酒的起源和传播途径可以看出，在世界范围内，葡萄酒的最初起源地在远东，包括中国、叙利亚、土耳其、格鲁吉亚、亚美尼亚、伊朗等国家。葡萄酒由最初的起源地远东传入欧洲，再由欧洲传入东方和世界其他地区。因此，包括中国等国家在内的远东地区是葡萄、葡萄酒的起源地，欧洲则是后起源中心，即栽培葡萄的后驯化与传播中心。

国外的一位著名葡萄酒作家将世界上所有的葡萄酒生产国家分为旧世界葡萄酒生产国和新世界葡萄酒生产国。欧洲的葡萄酒生产国，包括法国、葡萄牙、意大利、西班牙、德国、奥地利、匈牙利等传统葡萄酒生产国，属于葡萄酒的旧世界（old world），而美国、澳大利亚、新西兰、智利、南非等（即原欧洲海上霸主的殖民地）新兴葡萄酒生产国，则属于葡萄酒的新世界（new world）。“旧世界”所用的葡萄品种繁多，多数是小农式的种植模式，种植规模小；酿酒工艺注重传统经验，葡萄酒类型多样，可以满足诸多个性化需求。“新世界”所用葡萄品种为少数几个广适性品种，种植规模大；酿酒工艺注重工业化大生产，很容易接受现代工业技术；所酿葡萄酒以市场口味为导向，大多果香浓郁，价格上能够满足不同层次消费者的需求。

从世界葡萄酒的发展历程来看，无论从葡萄酒的起源，还是从中国连绵不断且不断发展的葡萄酒文化以及中国葡萄酒在当今世界上的地位分析，在全世界葡萄酒大家庭中，葡萄酒生产国可分成3个“世界”：以中国、格鲁吉亚等远东国家为代表的“古文明世界（ancient world）”，以法国、西班牙等欧洲国家为代表的“旧世界”，和以美国、澳大利亚等原欧洲海上霸主殖民地国家为代表的“新世界”。

1.1.2 中国葡萄酒文化

我国葡萄酒虽然有漫长的历史，但葡萄和葡萄酒生产始终为农副业，产量不大，未受到足够重视。在这漫长的历史进程中，虽然潮起潮落，但与之相伴而随的是生生不息、流传至今的、璀璨的中国葡萄酒文化。我国的葡萄酒业在汉武帝时期开始发展，在盛唐时期形成灿烂的葡萄酒文化，在元朝，葡萄酒业和葡萄酒文化达到鼎盛。

我国古代曾将葡萄称为“蒲陶”“蒲萄”“蒲桃”“葡桃”，葡萄酒也被称作“蒲陶酒”等。此外，在古汉语中，“葡萄”也可以指“葡萄酒”。李时珍在《本草纲目》中写道：“蒲桃（古字）、草龙珠。《汉书》作蒲桃，可以造酒，人酺（pú）饮之，则醄然而醉，故有是名。其圆者名草龙珠，长者名马乳葡萄，白者名水晶葡萄，黑者名紫葡萄。《汉书》言：张骞使西域还，始得此种，而《神农本草》已有葡萄，则汉前陇西旧有，但未入关耳。”“酺”是聚饮的意思，“醄”是大醉的样子。按李时珍的说法，葡萄之所以称为“酺萄”，是因为这种水果酿成的酒能使人饮后醄然而醉，故借“酺”与“醄”两字叫作葡萄。中国关于葡萄的文字记载最早见于《诗经》。《诗·周南·樛（jiū）木》：“南有樛（jiū）木，葛藟（lěi）累（léi）之。乐（lè）只（zhǐ）君子，福履绥之。”《诗·王风·葛藟》：“绵绵葛藟，在河之浒。终远兄弟，谓他人父。谓他人父，亦莫我顾。”《诗·豳风·七月》：“六月食郁及薁（yù），七月亨葵及菽，八月剥枣，十月获稻，为此春酒，以介眉寿。七月食瓜，八月断壶，九月叔苴，采荼薪樗（chū），食我农夫。”《诗经》中所记载的葛藟（lěi）、薁（指蘡薁 yīngyù）等，都是在我国分布广泛的野葡萄。从以上诗歌里可以了解到，在《诗经》所反映的殷商时代（公元前17世纪初—约公元前11世纪），人们就已经知道采集并食用各种野生葡萄了。《周礼·地官司徒》记载：“场人，掌国之场圃，而树之果蓏（luǒ）、珍异之物，以时敛而藏之。”郑玄

注："果，枣李之属。蓏，瓜瓠（hù）之属。珍异，蒲桃、枇杷之属。"这句话说明在约 3000 年前的周朝，中国已开始大规模种植葡萄，并且已经知道怎样贮藏葡萄了。

中国的欧亚种葡萄是在汉武帝建元年间张骞出使西域时（公元前 138 年—公元前 119 年）从大宛（今中亚的塔什干地区）带来的。《史记·大宛列传》中记载："宛左右以蒲桃为酒，富人藏酒至万余石，久者数十年不败。"《太平御览》中记载汉武帝时期"离宫别观旁尽种蒲萄"，可见当时对葡萄酒的重视。东汉末年，因为战乱，葡萄酒产业发展极度困难，葡萄酒变得异常珍贵。《三国志·魏志·明帝纪》中，裴松子注引汉赵岐《三辅决录》："孟佗又以蒲桃酒一斛遗让，即拜凉州刺史。"汉朝的一斛为十斗，一斗为十升，一升约合现在的 200 毫升，故一斛葡萄酒就是现在的 20 升。也就是说孟佗拿 20 升葡萄酒换得凉州刺史之职，可见当时的葡萄酒身价之高。北宋苏轼观史曾经感叹道"将军百战竟不侯，伯郎一斛得凉州"。

到了魏晋及稍后的南北朝时期，葡萄酒的消费和生产又有了恢复和发展。魏文帝在《诏群医》中写出了他对葡萄及葡萄酒的喜爱："中国珍果甚多，且复为说葡萄，掩露而食。甘而不饴，酸而不脆，冷而不寒，味长汁多，除烦解渴。又酿以为酒，甘于鞠蘖（niè），善醉而易醒。道之固已流涎咽唾，况亲食之邪。他方之果，宁有匹之者。"西晋著名文学家、书法家陆机在《饮酒乐》中写道："蒲萄四时芳醇，琉璃千钟旧宾，夜饮舞迟销烛，朝醒弦促催人。春风秋月恒好，欢醉日月言新。"可见在当时，葡萄酒已经是王公贵族们经常享用的美酒，绝非汉灵帝时孟佗用来贿官时的价格。

盛唐时期社会风气开放，不仅男性喝酒，女性也普遍饮酒，尤其是葡萄酒，深受人们的喜爱。唐初诗人王绩，时称"斗酒学士"，在《过酒家五首》中写道："竹叶连糟翠，蒲萄带曲红。相逢不令尽，别后为谁空。""诗仙"李白也十分钟爱葡萄酒，他在《对酒》中写道："蒲萄，金叵（pǒ）罗，吴姬十五细马驮。"关于葡萄酒的诗句，其中最著名的当数王翰的《凉州词》："葡萄美酒夜光杯，欲饮琵琶马上催。醉卧沙场君莫笑，古来征战几人回？"刘禹锡在《蒲桃歌》中详细描绘了葡萄的种植和对葡萄酒的喜爱："野田生葡萄，缠绕一枝高。移来碧墀（chí）下，张王日日高。分岐浩繁缛，修蔓蟠诘曲。扬翘向庭柯，意思如有属。为之立长檠，布濩（hù）当轩绿。米液溉其根，理疏看渗漉。繁葩组绶结，悬实珠玑蹙。马乳带轻霜，龙鳞曜初旭。有客汾阴至，临堂瞪双目。自言我晋人，种此如种玉。酿之成美酒，令人饮不足。为君持一斗，往取凉州牧。"

在宋代，由于战乱，太原等葡萄产区已经沦陷，导致中国葡萄酒业发展进入低潮期，葡萄酒也变得稀缺且名贵。从陆游的《夜寒与客烧干柴取暖戏作》中可以得到一些线索，反映当时葡萄酒的不易得："槁竹乾薪隔岁求，正虞雪夜客相投。如倾潋（liàn）潋蒲萄酒，似拥重重貂鼠裘。一睡策勋殊可喜，千金论价恐难酬。他时铁马榆关外，忆此犹当笑不休。”

元朝立国虽然只有90余年，却是我国古代社会葡萄酒业和葡萄酒文化的鼎盛时期。元朝的统治者十分喜爱喝马奶酒和葡萄酒。《马可·波罗游记》记载：“在山西太原府，那里有许多的葡萄园，酿造很多的葡萄酒，贩运到各地去销售。”因为用葡萄酿酒并不消耗粮食，元朝政府十分鼓励葡萄种植和葡萄酒的酿造。因此，元朝的葡萄栽培与葡萄酒酿造有了很大的发展，葡萄种植面积之大，地域之广，酿酒数量之巨，都是前所未有的。当时，除了河西与陇右地区（即今宁夏、甘肃的河西走廊地区，并包括青海以东地区、新疆以东地区和新疆东部）大面积种植葡萄外，北方的山西、河南等地也是葡萄和葡萄酒的重要产地。此外，为了保证官用葡萄酒的供应和质量，据明朝人叶子奇撰《草木子》记载，元朝政府还在太原与南京等地开辟官方葡萄园，并就地酿造葡萄酒。在元代，葡萄酒常被元朝统治者用于宴请或赏赐王公大臣，还用于赏赐外国和外族使节。同时，由于葡萄种植业和葡萄酒酿造业的大发展，饮用葡萄酒不再是王公贵族的专利，平民百姓也能自酿葡萄酒和饮用葡萄酒。

明朝是酿酒业大发展的时期，酒的品种、产量都很大，如明朝人顾起无所撰写的《客座赘语》中描绘了当时酒品的种类之多：“计生平所尝，若大内之满殿香，大官之内法酒，京师之黄米酒……绍兴之豆酒、苦蒿酒、高邮之五加皮酒，多色味冠绝者。”但是，葡萄酒在明朝没有受到重视，葡萄酒业进入缓速发展时期。

清朝，尤其是清末民国初，是我国葡萄酒发展的转折点。首先，由于西部的稳定，葡萄种植的品种增加。清朝后期，由于海禁的开放，葡萄酒的品种明显增多，除国产葡萄酒外，还有多种进口酒。清末民国初，葡萄酒不仅是王公贵族的饮品，在一般社交场合以及酒馆里也都饮用。这些都可以从当时的文学作品中反映出来。曹雪芹的祖父曹寅所作的《赴淮舟行杂诗之六·相忘》写道：“短日千帆急，湖河簸浪高。绿烟飞蛱蝶，金斗泛葡萄。失薮衰鸿叫，搏空黄鹄劳。蓬窗漫抒笔，何处写逋逃。”

中国葡萄酒经过2000多年的发展，积淀了灿烂的葡萄酒文化，但是，从清末的半殖民地时代开始，到军阀混战、抗日战争，中国的葡萄酒产业受到重创。新中国成立后，中国的葡萄酒产业开始复苏，但因国家经济落后，人民生活水平不高，葡萄酒远远不能充当“信号”商品。改革开放以后，中国经济飞速发展，人民生活水平大幅提高，国外葡萄酒大量涌入国内市场，中国葡萄酒产业受到巨大冲击，同时，人们对葡萄酒的认知几乎是来自国外的宣传，对葡萄酒的“崇洋媚外”现象非常严重，中国葡萄酒产业的发展面临巨大的挑战。

中国的葡萄酒文化源远流长，中国葡萄酒应该投入更多的时间和精力酿造具有本土风格的特色葡萄酒，打造中国特色的葡萄酒文化，使中国葡萄酒从种植、酿造，再到品味的每一步都成为一门优雅的艺术、一门耐人寻味的学科，让人们在品尝葡萄美酒的同时，感受比酒还要醇香的中国酒文化。

1.2 葡萄酒与健康

葡萄酒中含有24种氨基酸，包括8种人体“必需氨基酸”，而且葡萄酒中必需氨基酸的含量与人体血液中必需氨基酸的含量非常接近。葡萄酒中含有多种维生素，主要是B族维生素（B_1、B_2、B_3、B_5、B_6、B_{12}），此外还含有维生素C、维生素E和维生素H等。葡萄含有较丰富的矿物质，含量为0.3%～0.5%。其中钙、钾、镁、磷、铁、锌、硒等元素都可直接被人体吸收和利用。

在葡萄酒的酿造过程中，酒精的产生是靠酵母的酒精发酵完成的，当酒精发酵结束后，酵母自溶，酵母菌体中的营养成分就会进入酒中，这也是为何葡萄酒中的维生素含量要比葡萄汁中维生素含量高的原因，同时提高葡萄酒中的蛋白质、氨基酸、矿物质的含量。

流行病学和临床研究指出，与其他酒精类饮品相比，定期适量饮用葡萄酒能更有效地降低心血管疾病和某些癌症的发病率及死亡率。葡萄酒的健康功效已经被科研工作者从多个研究角度进行了挖掘与探索，其中，多酚类化合物所产生的健康功效被报道得最多，主要归因其抗氧化、抗肿瘤、保护心血管、减少骨量流失、调节肠道菌群等作用。虽然葡萄酒可产生多种健康效应，但仍需适量饮用。最近有研究发现，每人每周酒精摄入量不能超过100 g，相当于13%（体积分数）酒精度的葡萄酒950 mL，超过此阈值会增加全因死亡率和心血管疾病风险。

1.3 山葡萄酒的定义及分类

1.3.1 山葡萄酒的定义

1. 山葡萄酒

采用鲜山葡萄或山葡萄汁经过全部或部分发酵酿制而成的葡萄酒。

2. 特种山葡萄酒

用山葡萄或山葡萄汁在采摘或酿造工艺中使用特定方法酿制而成的山葡萄酒。

（1）加香山葡萄酒

以山葡萄酒为基酒，经浸泡芳香植物或加入芳香植物的浸出液（或馏出液）而制成的山葡萄酒。

（2）利口山葡萄酒

在由山葡萄生成总酒精度为7%（体积分数）以上的山葡萄酒中，加入葡萄白兰地、食用酒精或葡萄酒精以及葡萄汁、浓缩葡萄汁、含焦糖葡萄汁、白砂糖等，使其最终产品为酒精度为15.0%~22.0%（体积分数）的山葡萄酒。

（3）低醇山葡萄酒

采用鲜山葡萄或山葡萄汁经全部或部分发酵，采用特种工艺加工而成的、酒精度为1.0%~7.0%（体积分数）的山葡萄酒。

（4）脱醇山葡萄酒

采用鲜山葡萄或山葡萄汁经全部或部分发酵，采用特种工艺加工而成的、酒精度为0.5%~1.0%（体积分数）的山葡萄酒。

1.3.2 山葡萄酒的产品分类

山葡萄酒按色泽可分为白山葡萄酒、桃红山葡萄酒、红山葡萄酒。按含糖量可分为干山葡萄酒、半干山葡萄酒、半甜山葡萄酒、甜山葡萄酒。按二氧化碳含量可分为平静山葡萄酒、山葡萄汽酒。各类山葡萄酒的感官要求见表1-1。

表1-1 山葡萄酒的感官要求

项目			要求
外观	色泽	白葡萄酒	近似无色、微黄带绿、浅黄、禾秆黄、金黄色
		红葡萄酒	紫红、深红、宝石红、浅红微带棕色
		桃红葡萄酒	桃红、淡玫瑰红、浅红色
	澄清度		澄清，有光泽，无明显悬浮物（使用软木塞封口的酒允许有少量软木渣，装瓶超过1年的葡萄酒允许有少量沉淀）
	起泡程度		山葡萄汽酒注入杯中时，应有细微的串珠状气泡升起，并有一定的持续性
香气与滋味	香气		具有纯正、优雅、怡悦、和谐的果香与酒香，陈酿型的葡萄酒还应具有陈酿香或橡木香；加香山葡萄酒应具有和谐的芳香植物香与山葡萄酒香
	滋味	干、半干葡萄酒	具有纯正、优雅、爽怡的口味和悦人的果香味，酒体完整
		半甜、甜葡萄酒	具有甘甜醇厚的口味和陈酿的酒香味，酸甜协调，酒体丰满
		起泡葡萄酒	具有优美醇正、和谐悦人的口味和发酵起泡酒的特有香味，有杀口力
		加香山葡萄酒	具有醇厚、爽舒的口味和协调的芳香植物香味，酒体丰满
典型性			具有标示的葡萄品种及产品类型应有的特征和风格

1.4 山葡萄酒在中国的发展

通化地区的山葡萄酒是以长白山脉的野生山葡萄为主要原料，无毒无污染，其酒爽口怡人，营养丰富，并且这种原料独此一家，别无分号，是任何人、任何国家无法比拟的。东亚种群葡萄生长在中国、朝鲜、日本和俄罗斯，但主要资源在中国，而且形态、质量以东北地区为最好，通化是我国乃至世界优质山葡萄的最佳生态区。通化山葡萄酒恰好处于这得天独厚之处，通化是中国著名葡萄酒城、中国优质山葡萄酒之乡、全国绿色食品原料（山葡萄）标准化生产基地，国家级葡萄生产标准化示范区。因此，通化地区的山葡萄酒可以说是中国山葡萄酒的代表，说到山葡萄酒在中国的发展，就不得不从通化山葡萄酒说起。

通化山葡萄酒历史悠久，驰名中外。酒以城命名，城以酒传世。以长白山野生山葡萄酿造葡萄酒，在通化已经有 80 余年历史。通化山葡萄酒有过辉煌的历史，产品从 1954 年开始出口，远销五大洲 30 多个国家和地区，被誉为“世界葡萄酒中的一颗明珠”。1959 年国庆十周年时，被指定为国宴用酒。

通化山葡萄酒产业在迅猛发展的过程中，曾出现过良莠不齐的现象。通化市成立了以主管市长带领的“葡萄酒整顿规范指导小组”，通化市局还与公安、工商等部门配合，建立执法部门打假长效机制，对扰乱市场经济秩序的行为始终保持高压态势。严格执行“统一思想、统一特性、统一检验方法、统一判定准则、统一汇总”的“五统一”原则，在全市范围内开展了两次统一监督检查行动，使一些规模小、竞争能力差、产品质量不稳定的小企业逐渐淡出市场。2006 年，国家级果酒及果蔬饮品质量监督检验中心在通化投入运行，该中心是经国家实验室认证的国内唯一一个果酒及果蔬饮品质量监督检验中心，可与 40 多个国家及地区开展互认。如今的通化市葡萄酒产业已形成了严格的管理体系，产品质量不断提高，经济效益逐年增长，企业得到迅猛发展，规模以上企业如雨后春笋般不断涌现。

目前，通化产区种植的山葡萄主要有公酿一号、公酿二号、双优、双红、左优红、威代尔、公主白和北冰红等品种，现有酿酒葡萄种植面积约 5 万多亩，年产酿酒葡萄约 6 万多吨。葡萄酒酿造生产企业 63 户，产区产品有冰酒、甜型酒、干酒、起泡酒、加强酒、蒸馏酒 6 大类 150 多个品种，以甜型酒著称。截至 2018 年规模以上葡萄酒企业 17 户，实现产值 3.3 亿元，税金 0.35 亿元，利润 0.1 亿元。产区现有通化葡萄酒股份有限公司、通化通天酒业有限公司两户上市企业。通天酒业拥有全国唯一的山葡萄酒主题博物馆和国家 4A 级旅游景区——通化山葡萄酒文化科技产业园，全面展示了山葡萄酒的历史文化。产区拥有鸭江谷葡萄酒庄、通天酒业雅罗酒庄等酒庄，精品酒庄旅游初具规模。

近年来，随着居民消费水平不断升级，我国消费者饮酒习惯逐渐改变，葡萄酒消费量逐年增长，市场潜力巨大。但受进口葡萄酒激增和其他产区发展挤压，国内葡萄酒消费市场不成熟，葡萄酒消费主要以干型酒为主，山葡萄酒和甜型酒认可度仍有待提高等影响，加之产区山葡萄酒产业发展面临产业规模小、原料保障能力不稳定、产业融合程度低、品牌竞争力不强、专业人才缺乏等问题，中国山葡萄酒产业亟待振兴发展。

为了推进产区山葡萄酒产业发展，2019 年《吉林省鸭绿江河谷带葡萄酒产业发展规划》和《通化市人民政府办公室关于加快推进全市葡萄酒产业发展的实施意见》相继出台。文件中提出了“一城两带三区”的“葡萄酒+”产业发展战略规划，以打造“中国顶级冰酒产区、世界知名山葡萄酒产区”为发展目标，将鸭绿江河谷带（包括通化市和白山市）打造为中国甜型酒之都、国内顶级冰酒产区、世界知名山葡萄酒产区。2020 年，通化师范学院与通化市政府合作共建通化葡萄酒现代产业学院，瞄准产业需求，深化政校企三方合作，为区域葡萄酒产业发展提供智力支持和人才支撑。相信在政府的大力引导下，在高校的人才与科技支持下，在区域葡萄酒企业的共同努力下，能够有效解决制约山葡萄酒产业发展的各种“瓶颈”问题，通过“葡萄酒+旅游”“葡萄酒+文化”“葡萄酒+康养”等产业的相互促进，一定能够将鸭绿江河谷带打造成全国知名的山葡萄酒产业基地。

第 2 章　山葡萄概述

山葡萄（*Vitis amurensis* Rupr.）是葡萄科葡萄属东亚种群中最抗寒的一个种，有“东北山葡萄”之称。山葡萄属于藤本植物，可药用且营养价值很高，药用名有“木龙”之称。中医界将山葡萄用作药材，其果实无毒可直接食用，性平、味甘，并且藤、根、蔓、茎和叶片都可入药，食用山葡萄后可减轻烦热症状、面色红润，还可使体力倍增。目前山葡萄主要用于酿造山葡萄酒，还可以使用山葡萄生产天然色素。

由于山葡萄具有糖低酸高的特点，酿制的山葡萄酒较常见的欧亚种葡萄酒有特殊口感和风味。山葡萄酒色泽更加亮丽浓厚，果香浓郁宜人，酒体和谐，口感醇厚而丰满、青涩而爽口，有轻微而悠长的苦涩余味，深受广大消费者青睐。山葡萄酒营养物质丰富，不仅含有糖类、有机酸、蛋白质、纤维素、果胶等营养成分，还含有多种人体必需的微量元素、氨基酸、胡萝卜素、B 族维生素及维生素 C 等活性成分。山葡萄酒中还含有丰富的白藜芦醇、花色苷等黄酮类和非黄酮类化合物，具有抗血小板凝集、防血栓、抗菌、抗癌变、预防冠心病、预防高脂血症、抗炎症等多种药用功效。

2.1　山葡萄分布

山葡萄，也称东北山葡萄，原产于中国、俄罗斯远东和朝鲜半岛，是葡萄属中最抗寒的一个品种，枝蔓能耐-50～-40℃低温，根系可耐-16～-14℃低温。我国山葡萄的天然分布区域主要在吉林省长白山，黑龙江省完达山、小兴安岭，辽宁省北部的山区、半山区，内蒙古自治区乌兰察布以东的大青山、蛮汉山，河北省的燕山山脉也有分布。1988 年农业部出资建立了挂靠于中国农业科学院特产研究所的国家种质左家山葡萄资源圃，主要从事山葡萄资源的收集、品种保存和评价及新品种的选育工作，现保存 400 余份山葡萄种质资源，目前是国内乃至全世界野生葡萄种质资源最丰富的资源圃。山葡萄是我国野生果树驯化史上的重要里程碑。目前，山葡萄已在东北三省、内蒙古中部等地区普遍栽培，尤以吉林省产量最多。

2.2 山葡萄的培育

我国山葡萄人工栽培已有60多年的历史，吉林省从1957年就开始了山葡萄的人工栽培，通过实生选种和种内杂交育种两个途径，已选育出8个山葡萄品种及一些优良品系。以山葡萄为抗寒亲本进行种间杂交，也选育出一系列抗寒的优良酿酒品种（表2-1）。这些山葡萄品种的果实中色素含量高，酿制的山葡萄酒色泽呈艳丽的宝石红色或紫红色，酒鲜亮透明，口感和风味独具特色，普遍受到国内外消费者的欢迎和好评。这些品种的育成，对我国东北及内蒙古地区葡萄酒产业的发展起到了积极的促进作用。

表2-1　山葡萄品种培育及审定简介

序号	品种名称	亲本	花型	审定年份	适宜酒型
1	公酿一号	玫瑰香×山葡萄	两性花	1951年（育成）	甜红山葡萄酒
2	公酿二号	山葡萄×玫瑰香	两性花	1951年（育成）	甜红山葡萄酒
3	北醇	玫瑰香×山葡萄	两性花	1954年（育成）	甜红山葡萄酒
4	双庆	野生山葡萄优株	两性花	1975年	甜红山葡萄酒
5	左山一	野生山葡萄优株	雌能花	1984年	甜红山葡萄酒
6	双优	雌能花×双庆	两性花	1988年	甜红山葡萄酒
7	左山二	野生植株优株	雌能花	1989年	甜红山葡萄酒
8	双红	通化3号×双庆	两性花	1998年	甜红山葡萄酒
9	左红一	山一欧F1（79-26-58）×74-6-83	两性花	1998年	干红山葡萄酒
10	双丰	通化1号×双庆	两性花	1995年	甜红山葡萄酒
11	左优红	79-26-18×74-1-326	两性花	2005年	干红山葡萄酒
12	北冰红	左优红×86-24-53（山一欧F2）	两性花	2008年	酿造干红山葡萄酒、冰红山葡萄酒
13	北玫	玫瑰香×山葡萄	两性花	2008年	甜红山葡萄酒
14	北红	玫瑰香×山葡萄	两性花	2008年	甜红山葡萄酒
15	雪兰红	左优红×北冰红	两性花	2012年	干红山葡萄酒
16	北国蓝	左山一×双庆	两性花	2015年	甜红山葡萄酒

2.3 山葡萄主要品种及其特性

目前，吉林省主栽山葡萄品种为双优、双红、左优红、北冰红和雪兰红等。这些主栽品种作为酿酒产业的原料，凭借着其优良的品质而被大面积栽培。

1. 公酿一号（别名28号葡萄）

公酿一号属于欧山杂交山葡萄，1951年吉林省农业科学院果树研究所选育。经试酿（通化和长白山两地的葡萄酒厂），被认定为酒质优良的红葡萄酒酿酒品种。该品种抗寒、抗盐碱能力强，对白腐病和黑痘病抵抗力强，但霜霉病抗性差；果穗紧凑，果粒大而饱满，果实出汁率非常高，但所酿葡萄酒颜色较浅；品种产量高，但维生素C含量和总酚含量较低。

2. 双优

双优山葡萄是由吉林农业大学联合中国农科院特产研究所于1988年育成，是从双庆的杂交后代中选出的两性花品种，并于1990年被审定。抗霜霉病能力中等；两性花，花序大，果穗多呈长圆锥形，整齐且紧凑，最大穗重500 g；果实成熟度较为一致，果皮薄呈蓝黑色，果粉较厚，由种子到果皮、果肉，紫红色逐渐加深，种子数3~4粒，果实出汁率较高。果汁红色，色价为100.34，总糖含量11.64%，高于左山一。总酸含量及单宁含量低于左山一，氨基酸含量高于左山二，含16种氨基酸，具有山葡萄特有的香气。由于果穗较小，产量远低于28号，每公顷产量16.2吨。双优酒色浓艳呈深紫红色，口感爽口，果香、醇香浓郁，具有山葡萄酒的典型性。双优可用于甜红山葡萄酒的酿造。

3. 双红

由中国农业科学院特产研究所和通化葡萄酒公司育成。1998年，双红通过吉林省农作物品种审定委员会审定并命名。丰产、稳产，且浆果酿酒品质好，抗寒能力强，对霜霉病有极强抗性。经吉林、黑龙江两省近20年栽培，无覆盖即可越冬，植株无冻害。可建单品种园，也可作雌能花授粉树。该品种葡萄酒呈深宝石红色，清亮透明，果香突出，浓郁爽口，具有山葡萄酒特性。浆果可溶性固形物、总酸、单宁的含量分别为15.58%、1.96%、0.0621%，出汁率为55.7%。抗霜霉病能力比左山二、双丰和双优强。每公顷产量达15.6吨。

4. 左优红

该品种是2005年审定（由吉林省农作物品种审定委员会审定）的干红山葡萄酒的酿造原料。以往主栽山葡萄品种如公酿一号、双红、双优等具有高酸（含酸高达1.96%~3.64%）低糖的局限性，比较适合生产甜型红葡萄酒，而左优红具有较高的含糖量及较低的含酸量，可以用来酿造干型红葡萄酒，丰富了山葡萄酒的类型。研究表明：左优红原酒中白藜芦醇含量是赤霞珠原酒的 1.8324 倍，含量为 5.631 mg/L。矿物质是赤霞珠的 1.395 倍。左优红果实色价 29.19，单品种全汁原酒与赤霞珠色泽相似，为宝石红色。左优红单品种发酵后原酒中维生素总量明显高于赤霞珠酒，维生素总量为 2.06 mg/100 mL。果实单宁的含量近似于赤霞珠。每公顷产量高达 20.9 吨，产量高，但易裂果。抗寒、抗霜霉病能力强，在沈阳以南和吉林省集安岭南地区可以露地越冬，其他地区需埋土防寒越冬。

5. 北冰红

选育于 1995 年，2008 年通过审定。母本为酿造干红葡萄酒的山葡萄品种左优红，以糖高酸低、果穗大、果皮厚的 84-26-53 的山-欧 F2 代葡萄品系为父本，经种间杂交，在杂交后代的 F5 代中筛选得到的新品种。可酿造优质冰红葡萄酒，为我国自主选育的冰红葡萄酒品种，填补了我国在该领域的空白。所酿冰红葡萄酒，酒体呈深红宝石色，酒质好，并具有独特的蜂蜜和杏仁的复合香气。北冰红原酒总糖含量 160.0 g/L，干浸出物 43.6 g/L，远高于 GB/T 25504—2010（冰葡萄酒国家标准）中要求的最低值；挥发酸含量 0.89 g/L，远低于 GB/T 25504—2010 中的最高值 2.1 g/L 要求；酒精度 11%（体积分数），符合 GB/T 25504—2010 中的 9.0%～14.0%（体积分数）要求范围；总二氧化硫残留量符合 GB 2760—2014 食品安全国家标准食品添加剂使用标准中不超过 250 mg/L 的要求，总二氧化硫残留量仅为 120 mg/L。果穗大产量高，每公顷产量 22.8 吨。

6. 雪兰红

2012 年 3 月通过审定，可用于干红山葡萄酒的酿造。以母本左优红和父本北冰红杂交，从种间杂交后代中选育。该品种葡萄果穗大，果粒粒大、含糖量和出汁率高、且总酸和单宁含量低，适合酿造干红葡萄酒。抗寒性强，与左优红近似，在吉林省集安市岭南地区、珲春市及辽宁本溪市小气候区可露地越冬，其他寒地栽培需简易防寒。

2.4 山葡萄主要成分

一穗葡萄浆果包括果梗和果粒两个部分。每颗果粒又由果皮、种子和果肉三部分组成。山葡萄果实中的各种化学成分不仅取决于品种（表 2-2），也受气候、土壤、地理位置、田间管理等因素影响（表 2-3）。

表 2-2　主栽山葡萄果实总营养成分及含量

品种	总糖/（g·L^{-1}）	总酸/（g·L^{-1}）	总酚/（g·L^{-1}）	单宁/（g·L^{-1}）	总花色苷/（μg·mL^{-1}）	维生素 C/（μg/100 g）	白藜芦醇/（mg·L^{-1}）	总氨基酸/（mg·L^{-1}）
北冰红	86. 66	13. 23	64. 15	0. 49	159. 87	—	—	1169. 50
北国红	151. 99	9. 00	0. 7	1. 00	—	—	—	1612. 40
左山一	188. 80	28. 89	2. 70	1. 01	271. 00	23. 11	2. 12	—
左优红	202. 33	10. 97	3. 13	1. 18	198. 90	16. 99	6. 12	—
双红	72. 36	14. 67	130. 61	0. 67	294. 62	36. 64	4. 49	—
双优	60. 54	14. 95	89. 47	0. 73	206. 90	18. 05	4. 49	—
公酿一号	55. 51	16. 05	56. 43	0. 77	123. 73	—	—	—

表 2-3　不同地区不同品种山葡萄果实主要成分含量

品种	酸度/（g·L^{-1}）	总糖/（g·L^{-1}）	总酚/（g·L^{-1}）	单宁/（g·L^{-1}）	维生素 C/（μg/100 g）	白藜芦醇/（μg·mL^{-1}）	花色苷/（mg·kg^{-1}）
左家左山一	28. 89	188. 80	2. 70	1. 010	23. 107	2. 118	2710. 786
白城左优红	11. 54	74. 27	1. 83	0. 730	14. 339	1. 658	1603. 093
乾安北冰红	15. 06	106. 60	3. 09	0. 662	17. 525	18. 801	1447. 237
柳河左优红	10. 97	202. 33	3. 13	1. 180	16. 990	6. 118	1989. 950
柳河双红	19. 00	134. 70	3. 57	0. 822	30. 802	1. 640	2844. 377
左家双红	16. 35	130. 32	4. 17	1. 060	22. 305	40. 879	2220. 952
集安北冰红	10. 61	183. 95	1. 35	0. 842	17. 525	0. 795	1319. 212
集安 28 号	19. 00	116. 04	1. 61	0. 607	15. 401	18. 022	690. 221
集安雪兰红	11. 11	134. 51	1. 61	0. 763	10. 090	1. 872	751. 450
集安双优	13. 62	109. 93	3. 09	0. 733	18. 056	4. 499	1135. 524
柳河双优	20. 08	119. 24	4. 65	2. 177	14. 340	2. 330	1360. 959
柳河北冰红	15. 06	219. 92	2. 04	0. 380	11. 680	7. 982	1155. 006
柳河 28 号	22. 87	141. 59	2. 11	1. 510	10. 090	11. 853	848. 860
集安左山一	27. 25	135. 79	3. 78	0. 350	23. 898	5. 621	4558. 796
集安双红	15. 42	128. 00	3. 63	0. 890	36. 644	4. 499	7169. 388
左家北冰红	12. 40	115. 29	2. 48	0. 292	16. 99	22. 637	935. 138
左家左优红	12. 55	147. 90	2. 48	1. 560	19. 118	1. 687	979. 668
四平双红	24. 65	212. 49	2. 70	1. 352	35. 582	0. 884	2696. 870

续表

品种	酸度/(g·L⁻¹)	总糖/(g·L⁻¹)	总酚/(g·L⁻¹)	单宁/(g·L⁻¹)	维生素C/(μg/100 g)	白藜芦醇/(μg·mL⁻¹)	花色苷/(mg·kg⁻¹)
四平左优红	15.50	201.35	1.17	0.144	16.99	1.619	1333.128
四平北冰红	13.65	213.79	1.83	0.321	23.900	41.688	1118.825
四平左山一	24.3	84.76	1.83	1.264	28.147	2.224	4244.300
松原双红	17.58	163.42	2.04	0.233	29.692	3.373	3874.141
松原左山一	21.15	174.81	2.55	0.851	27.616	2.872	4107.926
吉林市左优红	15.40	135.88	4.65	0.638	14.339	7.676	1021.415
松原双优	21.00	132.41	3.67	1.832	11.683	10.231	1246.850
均值	17.40	148.32	2.71	0.888	20.274	8.943	2134.563
变异系数%	30.15	27.71	37.00	57.91	37.60	127.65	74.00

由表2-3中数据可知，上述山葡萄总酸含量在10~29 g/L范围内，平均值17.4 g/L；总糖含量在74~220 g/L范围内，平均值148.32 g/L；总酚含量在1.17~4.65 g/L范围内，平均值2.71 g/L；单宁含量在0.14~2.18 g/L范围内，平均值0.89 g/L；维生素C含量在10~37 μg/L范围内，平均值20.27 μg/L；白藜芦醇含量在0.8~42 μg/mL范围内，平均值8.94 μg/mL；花色苷含量在690~7169 mg/kg范围内，平均值2134.56 mg/kg。

2.4.1 果梗

果梗中，与葡萄及葡萄酒品质密切相关的成分除了其所含微量的糖和有机酸外，还有单体酚、聚合多酚、水及矿物质。

1. 无色多酚

无色多酚包括单宁和可合成单宁的更小的分子，如儿茶酸、色素的隐色化合物、酚酸等。这类化合物具有一个苯核或酚核和一至几个羟基官能基团。

(1) 单体酚：酚酸

在葡萄浆果中含有两类酚酸：即羟基苯甲酸和羟基肉桂酸的衍生物。羟基苯甲酸衍生物包括五倍子酸、儿茶酸、香子兰酸和水杨酸，它们可与葡萄酒中的酒精和单宁结合。羟基肉桂酸衍生物包括香豆酸、咖啡酸和阿魏酸（图2-1）。

果梗中的酚酸以游离态和结合态两种形式存在，对葡萄酒的色泽和香气产生一定的影响。此外，葡萄品种不同，成熟的条件不同，葡萄浆果中的酚酸的总量和游离态酚酸的比例也不相同。一些微生物可将游离态的酚酸转化为气味很浓，但葡萄酒不需要的挥发性物质。所以，在一些白葡萄酒和桃红葡萄酒中，由于酵母菌可将

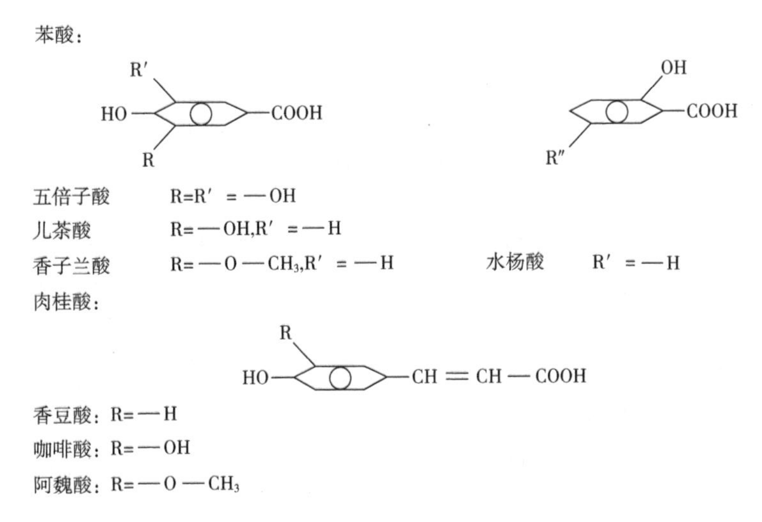

图 2-1　酚酸类化合物的化学结构

酚酸脱羧形成乙烯基酚而出现药味，这种现象在红葡萄酒中较为少见。因为红葡萄酒的多酚含量更高，能抑制脱羧酶的活动。但是，在橡木桶中陈酿的红葡萄酒可出现某些让人舒适的动物气味。这是由于在有少量氧的条件下，酒香酵母（*Brettanomyces*）属的酵母可将酚酸脱羧为乙烯基酚，后者进一步还原为乙基酚的结果。

在葡萄酒中，酚酸可与花色素和酒石酸相结合。咖啡酸和香豆酸都可与酒石酸结合，分别形成酒石咖啡酸和酒石香豆酸。如果在葡萄浆果中含量过高（占酚酸的40%），在有空气的条件下，这两种酸可形成相同的酒石咖啡醌，醌的含量提高，并在多酚氧化酶的作用下发生聚合形成多聚体，使葡萄汁的颜色发黄。

（2）聚合多酚

聚合多酚是中间物质，随着逐渐聚合，它们形成复杂的聚合物。相反，通过解聚，又会形成相应的酚酸。聚合多酚分为儿茶素和原花色素两大类。在葡萄浆果或葡萄酒中，它们主要形成单宁。

2. 水

果梗中水的含量为 78%～80%，比果肉中水的含量（70%～78%）高。如果将果梗与葡萄汁放在一起，由于渗透现象，两者之间可发生下列物质交换：

一方面，果梗中的部分水进入含水量较低的高渗葡萄汁中。另一方面，在发酵过程中形成的酒精渗入果梗中。这两方面的作用可轻微地降低葡萄酒的酒精度。因此，对于同一种浆果，除梗后的葡萄酒的酒精度要比不除梗的稍高。

3. 矿物质

在果梗中含有 2%～3%的矿物质，其中一半是钾盐。

2.4.2 果皮

果皮中含有色素、单宁和芳香物质，这些成分对酿造葡萄酒极为重要，尤其是果皮中的色素物质，是红葡萄酒颜色的主要来源。

1. 色素

葡萄浆果的色素只存在于果皮中，主要有花色素和黄酮两大类。花色素，又叫花青素，是红色素，或呈蓝色，主要存在于红色品种中，而黄酮是黄色素，在红色品种和白色品种中都有。

花色素和黄酮都属于多酚类色素，其分子结构中都含有 3 个碳和 1 个氧构成的杂环连接 A、B 两个芳香环。它们也是杂多糖苷，含有一个或多个糖基，可有单糖苷、双糖苷和多糖苷。花色素的杂环中 C3 含有一个羟基（—OH），而黄酮 C4 则含有一个羰基（═O）。

（1）类黄酮

类黄酮存在于所有葡萄品种的浆果当中，但在葡萄酒中含量很少。它们对白葡萄酒颜色的作用也并不大。

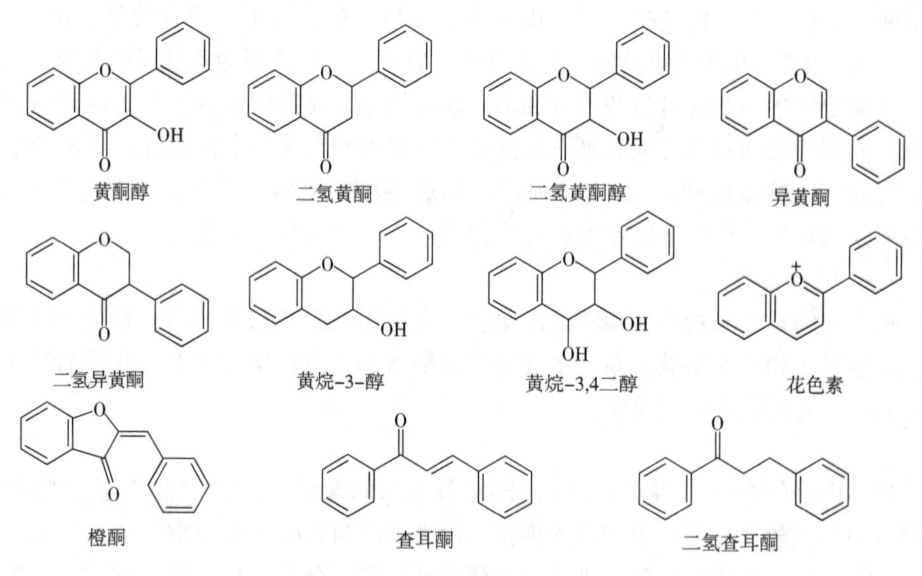

图 2-2　类黄酮类化合物的化学结构分类

（2）花色素

在葡萄浆果中已经鉴定出 5 种花色素（图 2-3）。它们的区别在于 R_1 及 R_2 的种类、C3 上的羟化、糖苷化（包括糖的种类和数量）以及酰基化（即糖的酯化）不同。由于上述作用的不同，从而生成众多的形态。在葡萄果皮中已鉴定出 17 种物质，它们的混合物以及它们各自的比例的变化构成了葡萄各种不同颜色。

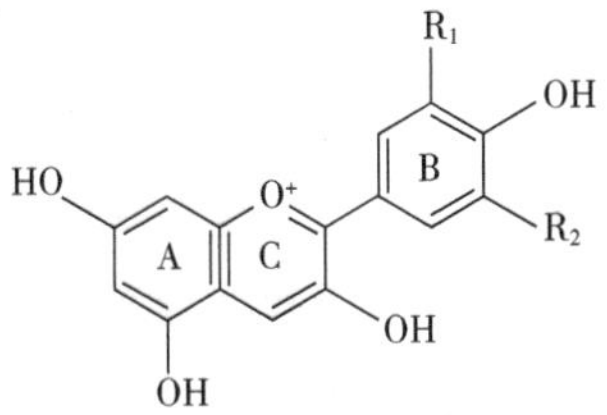

图 2-3　花色素的基本结构单元

葡萄中的花色素有以下特性：

①花色素微溶于水或葡萄汁，易溶于酒精。在酿造红葡萄酒时，通过浸渍作用将果皮中的色素溶解在葡萄酒中。但在生产白葡萄酒时，应尽快（即在发酵开始前）将果皮与葡萄汁分开。

②花色素的溶解度随温度的升高而加大。因此，可用给部分果实（1/5）加热至 75～80℃的方法，加深红葡萄酒的颜色。加热后的果汁色深，单宁含量高，然后，在发酵前将之与其他葡萄果实混合。通过发酵，可除去在加热过程中形成的焦味或“煮”味。

③易被氧化。在过强的氧化条件下，无论有无酪氨酸酶和漆酶的作用，花色素可形成棕色不溶性物质，这就是葡萄酒在有氧化条件下的棕色破败病。葡萄酒的温度高于 20℃时，葡萄酒中的铁、铜含量越高，这一现象越严重。

④介质越酸，其颜色越鲜艳。在滴定葡萄汁或葡萄酒的酸度时，可以看到其颜色越来越浅。山葡萄因其具有高酸的特点，红山葡萄酒的颜色往往更加鲜艳。

⑤花色素可与单宁、酒石酸、糖等相结合。花色素和单宁相互化合形成的复杂化合物——色素—单宁复合物，其颜色稳定，不再受介质 pH 变化的影响。

在葡萄浆果中，花色素在转色期开始出现，主要是单体化合物，即游离花色素。在成熟过程中其含量不断提高，并且单体间进行聚合。花色素的含量在葡萄成熟后达到其最大值，其中 10%～15%为多聚体。在发酵过程中，花色素的变化很小，因为介质不利于其进行聚合作用。在葡萄酒中，花色素的聚合作用则继续进行。葡萄酒换罐（换桶）的次数，游离二氧化硫的含量都会影响花色素的变化和葡萄酒外观。花色素的多聚体使葡萄酒的颜色更为美丽。由于花色素的变化，其在红葡萄酒中有下列形态：

——游离花色素，它们有沉淀的趋势，每年会因此除去其含量的一半。

——聚合花色素，其分子量不等，它们使葡萄酒呈红色。其中一小部分将形成胶体，应在葡萄酒装瓶前通过低温处理或过滤将这部分胶体除去。

——结合态花色素，即花色素与其他化合物形成的复合物，它们随时间的延长，逐渐沉淀于陈年老酒的瓶底。

2. 单宁

单宁是由一些非常活跃的低分子量的酚类物质通过缩合或聚合而成的，存在于果皮和种子中，可分为两类：水解单宁和缩合单宁。

水解单宁，是由酸及酸的衍生物与葡萄糖或多元醇通过酯键形成的化合物，容易被酶或酸水解为糖、多元醇和酚酸。这类单宁主要包括葡萄糖的联苯三酚酯（即棓单宁）和鞣花酸（鞣花单宁和单宁配合物）的酯。因为含有酯键，它们被称为“可水解的”。葡萄酒中的水解单宁主要来自葡萄酒在橡木桶中的陈酿或酿酒过程中添加的外源性单宁（商品单宁）。

缩合单宁主要来源于葡萄种子和果皮，是黄烷-3-醇聚合物，通常是由一类黄烷-3-醇及黄烷-3,4-二醇结构单元通过 C4→C8（或 C4→C6）键缩合而形成的寡聚或多聚物。单宁味涩，具有收敛性，可使葡萄酒具有醇厚的特点。在葡萄和葡萄酒成熟过程中，它们形成复杂的聚合物，提高味感质量。单宁易氧化，可通过自身氧化消耗氧气，从而降低葡萄酒氧化变质的速度，有利于葡萄酒成熟和醇香的产生。单宁可与一些色素化合，形成稳定的复合物质，其颜色不再随环境 pH 值的改变而改变。此外，单宁可与多种物质，如蛋白质、糖、酒石酸等结合，改变葡萄或葡萄酒的口感、质量，也可导致陈年葡萄酒的沉淀。单宁含量过高，会影响葡萄酒的质量，但在贮藏过程中，由于沉淀和氧化作用，单宁含量不断降低。

3. 芳香物质

芳香物质是葡萄果皮中的主要物质，存在于果皮的下表皮细胞中。葡萄的芳香物质种类很多，以具有挥发性的游离态和不具挥发性的结合态两种形态存在。只有游离态的芳香物质才具有气味，而结合态的芳香物质在特定条件下也可转变为游离态的芳香物质。游离态芳香物质包括芳香族、酯类、醛类、萜烯类化合物。结合态芳香物质是游离态芳香物质与糖类物质结合形成的糖苷。在葡萄中，结合态芳香物质是游离态芳香物质的 3~10 倍。因此，葡萄酒的果香不仅取决于浆果中芳香物质的总量和游离态芳香物质的量，而且取决于结合态芳香物质在酿造过程中释放游离态芳香物质的能力。

2.4.3 种子

葡萄种子中含有 5%~8%的单宁，10%~20%的油。在葡萄酒酿造过程中，如进行葡萄破碎、压榨等机械操作时，应尽量防止压烂种子，以避免过多的单宁和部分油进入葡萄酒，降低葡萄酒质量。

2.4.4　果肉

果肉中的主要成分是糖和有机酸，在葡萄酒酿造和贮藏中起着重要作用。

1. 糖

除少量非发酵性糖外，果肉中的糖几乎全部是葡萄糖和果糖。进入转色期后，浆果中糖的含量迅速增加，在浆果开始成熟时，果实中的葡萄糖含量高于果糖含量，在成熟时，这两种糖的含量接近，其比值趋近于 1。因此，利用果实中葡萄糖和果糖的比值可确定成熟期和采收时间。在成熟时，山葡萄浆果中的含糖量平均为 150 g/L（总糖），比赤霞珠的平均含糖量［250 g/L（还原糖）］要低很多。同时，山葡萄浆果的含糖量根据品种、地理条件和年份不同而有所差异，见表 2-2 和表 2-3。

2. 有机酸

与糖一样，葡萄中的有机酸在葡萄酒的酿造与贮藏中起着重要作用，同时，葡萄浆果中的含酸量也因葡萄品种、地理条件和年份的不同而有所差异。

我国山葡萄成熟果实的可滴定酸一般在 15~25 g/L（以酒石酸计）之间。比赤霞珠的酸度（5~7 g/L）高出 3~5 倍。葡萄汁中的酸度主要是由酒石酸、苹果酸和柠檬酸等有机酸的含量决定。柠檬酸在葡萄浆果中的含量很小。葡萄汁中的有机酸以游离酸和有机酸盐两种形式存在。其中，最主要的有机酸盐是酒石酸氢钾。酒石酸氢钾在纯水和葡萄汁中的溶解度大，但在葡萄酒中的溶解度小，因此，在发酵过程中，它以酒石的形式结在发酵容器的内壁上。不同品种山葡萄的有机酸含量如表 2-4 所示。

表 2-4　不同品种山葡萄果实有机酸组成及含量　　（单位：g/L）

品种	琥珀酸	酒石酸	草酸	乳酸	柠檬酸	丁酸	苹果酸	乙酸	总量
北冰红	2.01	3.87	1.47	—	0.16	0.19	2.16	0.31	13.32
北国红	0.37	5.34	—	0.12	0.07	—	3.09	—	9.00
双红	1.96	7.12	0.61	—	0.35	—	1.78	0.42	14.67
双优	1.49	5.65	0.62	—	0.37	0.35	3.24	0.31	14.95
公酿一号	1.28	4.06	1.89	0.57	0.49	0.17	5.23	0.29	16.05

3. 矿物质

将葡萄汁进行蒸发后，所剩下的物质叫作“干物质”，再将干物质碳化，剩下的灰分就是无机盐。在葡萄汁中，无机盐的含量为 2~4 g/L。其中，阴离子主要有

SO_4^{2-}、Cl^-、PO_4^{3-}；阳离子主要有 K^+、Ca^{2+}、Mg^{2+}、Fe^{2+}。K^+是葡萄汁中含量最高、最主要的矿物质，约占葡萄汁中阳离子总量的一半。其他矿物质的含量受品种等因素的影响变化较大（表2-5）。

表2-5　不同品种山葡萄果实矿物质成分及含量　（单位：μg/g）

品种	铁	铜	锰	锌	镁	钙
北冰红	13.59	0.29	10.52	8.57	7.35	123.73
北国红	0.74	2.02	1.00	0.65	66.30	484.50
双红	13.24	0.34	25.69	9.46	9.46	107.43
双优	9.67	0.24	19.73	13.15	11.24	118.55
公酿一号	37.70	0.13	2.54	8.57	12.87	77.52

4. 氮化物

葡萄浆果中的氮化物主要来自氨基酸、肽和蛋白质。其中，山葡萄浆果中游离氨基酸含量随果实成熟度提高而增加。8月17日前浆果中氨基酸积累较少，8月17日~8月24日是氨基酸持续增长期，8月24日~9月12日是氨基酸大量积累期。山葡萄种质间浆果中的游离氨基酸含量差异大，高者可达6819 mg/L，而低者仅为769 mg/L，相差8倍之多。所以，进一步对山葡萄种质进行氨基酸含量的评价，为山葡萄的综合开发利用提供依据是十分必要的（表2-6）。

表2-6　两种山葡萄果实氨基酸种类及含量　（单位：mg/L）

品种	苏氨酸	亮氨酸	组氨酸	丝氨酸	丙氨酸	缬氨酸	脯氨酸	谷氨酸	甘氨酸
北冰红	49.40	21.90	41.00	42.80	165.70	28.50	238.60	175.20	29.50
北国红	73.80	14.00	14.10	62.70	297.70	22.30	150.00	514.40	35.30

品种	苯丙氨酸	异亮氨酸	甲硫氨酸	天冬氨酸	半胱氨酸	精氨酸	酪氨酸	赖氨酸	总氨基酸
北冰红	17.20	17.40	7.30	69.40	4.50	262.30	10.60	15.20	1169.50
北国红	13.20	10.50	9.10	125.10	4.30	239.50	10.00	16.40	1612.40

5. 果胶

葡萄浆果的果胶物质主要是不溶性的原果胶。在浆果的成熟过程中，原果胶在原果胶酶的作用下逐渐被分解为可溶性的果胶酸和果胶酯而进入葡萄汁中。原果胶酶是一种复合酶，由酯酶、水解酶、果胶酶、纤维酶和半纤维酶构成。

果胶酸主要是由D-半乳糖醛酸以1,4-糖苷键连接而成的直链组成，但也含有如L-阿拉伯糖、D-半乳糖等其他糖类成分。果胶则是半乳糖醛酸的一部分羧基形成甲酯的果胶酸。

由于是胶体，它们可使葡萄汁黏稠，它们的分子量越大葡萄汁的稠度就越大。果胶和果胶酸还是保护性胶体，可阻止其他胶体的絮凝反应。因此，果胶会造成葡萄汁浑浊，影响澄清，堵塞过滤，所以常用果胶酶对葡萄汁进行处理。但是，果胶酶对果胶去甲酯化时会产生甲醇，因此，生产时要做好酿酒过程中甲醇含量的监测，防止甲醇超标。

2.5 山葡萄的成熟与采收

2.5.1 山葡萄浆果的生长和成熟

葡萄浆果从坐果开始至完全成熟，需要经历如下 4 个阶段：

①幼果期：从坐果开始，到转色期以前为幼果期，在这个时期，幼果迅速膨大。但直到末期，果粒仍是绿色，质地坚硬。此时细胞长得很快，果肉和果粒体积增加，籽也同时长大。

②转色期：葡萄幼果期结束后一段时间里，浆果不再膨大，而浆果的颜色发生变化，这个阶段称为转色期。此时果皮叶绿素大量分解，白色品种的果皮色变浅。有色品种的果皮出现颜色，其颜色逐渐加深。

③成熟期：转色期结束后，浆果再次膨大逐渐达到品种固有的大小和色泽。这一时期为浆果的成熟期，需要 40~50 d。成熟期结束，果粒达到最大直径，浆果达到最大重量。

④过熟期；浆果成熟以后，果梗产生木质化，果实与植株联系中断。浆果中的汁液由于水分蒸发而浓缩，浆果的体积和重量都下降。

2.5.2 葡萄浆果中主要成分的变化

山葡萄果实在成熟过程中，其主要营养成分均发生了明显变化。总糖、维生素 C、色素、游离氨基酸均呈上升的趋势；酒石酸、单宁呈下降的趋势。

①糖的变化：在幼果期，浆果的含糖量很低，很少有超出 1%的，其糖大部分是葡萄糖，占 75%左右。到了转色期，含糖量直线上升。到转色期末，含糖量上升到 100%左右。而到了成熟期，糖含量迅速增加，可达每天 4~5 g/L。到成熟的末期，葡萄浆果中的含糖量达到最大值。到了过熟期，由于水分的蒸发，虽然浆果中糖的含量和干物质数量相对增加，但糖因果实呼吸而消耗一部分，其绝对数量减少。有研究认为果实成熟前期，糖分积累比较缓慢，之后迅速增加，这一糖分急速增长的时期称为“跃变期”，随后糖分不再明显变化，逐渐趋于稳定，但不同品种

含糖量“跃变期”表现不同。“双优”和“双红”浆果中的可溶性糖含量的动态变化表明，可溶性糖含量与果实生长发育密切相关，其变化趋势均呈“S”型曲线，前期可溶性糖缓慢积累，然后迅速增长。

②酸的变化：在幼果期时，浆果中产生大量的游离苹果酸和酒石酸，并随果粒增大而迅速增加。接近转色期时，浆果中酸的含量最高，苹果酸要比酒石酸多。到了转色期时，浆果酸含量开始下降。在成熟期酸度进一步下降，苹果酸主要由呼吸所消耗，酒石酸则主要与钾化合而产生“酒石”。影响苹果酸含量的主要因素是气候条件和品种特性。苹果酸在30℃以上温度的条件下可被呼吸消耗，所以北方的葡萄苹果酸含量较南方高。酒石酸在温度达35℃时才开始被呼吸消耗，因此其含量相对稳定。成熟的葡萄浆果中，除了酒石酸、苹果酸之外，尚有柠檬酸、琥珀酸、乙二醇酸、草酸、葡萄糖酸等，但含量都很低。在过熟期，酸的含量继续下降。

③单宁的变化：到转色期，果皮中的单宁含量就已增加到很高的程度。到成熟期，单宁含量开始下降，果肉中单宁消失。

④其他物质的变化：在浆果成熟期，原果胶在原果胶酶的作用下，逐渐被分解为果胶，使果肉组织变软，果胶又能被果胶酯酶和果胶酸裂解酶分解为短链的果胶酸和果胶酸酯，且溶于果肉液体。因而浆果成熟度越大，这类的物质在葡萄汁中的含量就越高，一方面，这类物质具有增加葡萄酒圆润的作用，另一方面，由于这类物质的存在，葡萄汁和葡萄酒的黏度增加，影响其他悬浮物质的絮凝、酒的澄清和过滤操作。

在转色期，果实中出现色素和芳香物质，以后一直增加到浆果成熟。到了浆果完全成熟时，才有了品种所特有的果香。

含氮物质的总量变化很小，但在成熟期，不溶性的含氮物质增长了。

在成熟期，浆果中的钾、钙、镁及磷酸的含量都在上升。

2.5.3 山葡萄的采收

山葡萄的正常采收期一般在9月中旬，如集安地区的山葡萄采收时间一般在9月15日左右。正常采收时间一般是山葡萄成熟的最佳时期。山葡萄的最佳采收时间与山葡萄品种、田间管理、种植区域的气候、土壤条件等都有紧密的关系，这些因素都会影响果实成分在成熟过程中的变化。因此，判断山葡萄最佳成熟时间需要对果实的糖、酸等营养成分进行监测，以决定采收时间。

山葡萄采收期的判断除了可以通过品尝的方法外，最常用的是通过糖酸比（成熟系数）来确定。

$$M=S/A$$

式中，M 表示成熟系数，S 表示含糖量（g/L），A 表示含酸量（g/L）。

这个系数建立在葡萄成熟过程中糖含量增加、酸含量降低这一现象的基础上。它与葡萄酒的质量密切相关，是目前最常用且最简单的确定成熟度的方法。虽然不同品种的 M 值不同，但一般认为，要获得优质葡萄酒，M 必须等于或大于 20，但各地应根据品种和气候条件决定当地的最佳 M 值。尤其是山葡萄，因其本身酸高、糖低，M 值一般低于 20。例如，有研究显示，北冰红在正常采收时间的糖酸比（M 值）约为 15。从图 2-4 可以看出在成熟过程中浆果含酸量、含糖量和 M 值的变化规律。

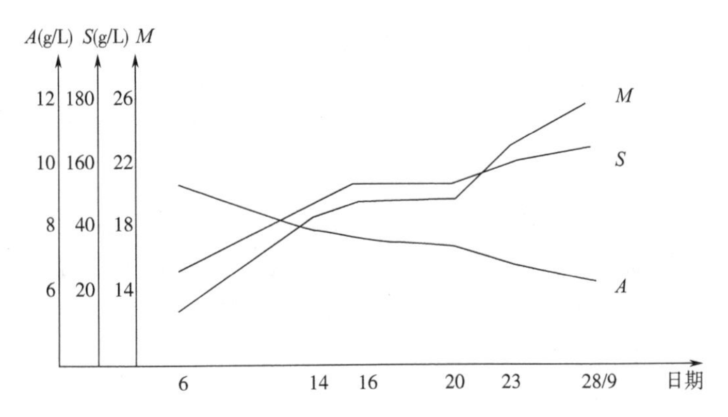

图 2-4 葡萄成熟过程中含糖量（S）、含酸量（A）和成熟系数（M）的变化

在确定采收期以前，应首先通过检测含糖量和含酸量以获得不同时间的成熟系数，并根据最佳条件（即葡萄酒质量最好时），确定 M 值，并在不同年份使用相似的 M 值。

使用 M 值确定采收期时，应包括以下步骤：

①取样：在同一葡萄园中，按一定的间距选取 250 棵植株，在每棵植株上随机选取一粒葡萄，但在不同植株上，应注意更换所取葡萄粒的着生方向。每次取样应在同一葡萄园中的相同植株上进行。因此，最好在所选取的植株上作好标记，以便重复取样。每次取样的间隔时间不能过长或过短，一般在采收前 4~6 周开始。在前两周每周取一次，以后每周取两次。

②分析：每次取样后，应马上进行分析。将采取的 250 粒浆果压汁（应压干），混匀，检测含糖量和含酸量。

③结果：以时间为横轴，含糖量、含酸量、M 为纵轴。绘出的曲线（图 2-4）能够代表品种、地区以及年份的特点，并能帮助确定最佳采收期。

2.5.4 山葡萄的延迟采收

延迟采收又称自然保鲜法，是将已成熟或是即将达到采收成熟度的果实通过自然留树或是特定的技术处理，让其保留在植株上，继续与植株保持养料和水分的交流，达到延迟采收的目的。但延迟采收并不适于所有作物，对作物的生长特性及果实品质有较高的要求。首先，要求植株具有一定的抗逆性，延长采收期不会对植株造成过大伤害性，不影响下一年的产量；此外，果实到成熟期后，若果实的内外品质不降低，便可适当延迟采收时期，既可以延长果实的保鲜期，提高果实的成熟度，又可以降低果实贮藏成本。

山葡萄的延迟采收一般是在正常采收日期（9 月中旬）推迟半个月至 1 个月。延迟采收对山葡萄果实外观、营养成分以及原酒和蒸馏酒的品质都有显著的影响。选择最佳的延迟采收日期必须基于对果实成分变化的监测和山葡萄酒的品质评价。

1. 延迟采收对果实外观的影响

随着采收期的推迟，单粒直径、平均粒重、平均穗重均呈先升高后降低的趋势，果穗紧密度逐渐降低且落粒率逐渐增加。这是因为延迟采收后，葡萄果实逐渐失水，导致粒重、穗重明显下降，果粒失水皱缩，单粒直径也明显降低。同时，随着采收期的延后，果实出汁率也呈先上升后降低的趋势。

2. 延迟采收对果实成分的影响

与正常采收相比较，延迟采收的果实中总糖、总酚、单宁的含量升高，总酸的含量降低，香气成分的种类和含量都增加，香气浓郁；维生素 C、花色苷含量均较高，常量元素、微量元素含量丰富，重金属元素含量极低，氨基酸总量和人体必需氨基酸含量较高，果实有较高的营养价值。

3. 延迟采收对山葡萄酒及蒸馏酒的影响

有研究显示，霜后的干红山葡萄酒总糖、单宁、总酚含量，尤其是香气物质的含量明显高于正常采收，因此，霜后的干红山葡萄酒品质更佳，香气更加浓郁。霜后采收对蒸馏酒的影响主要是香气物质的含量有所降低，但香气物质种类略有增加。例如，金宇宁等研究结果显示，延迟采收的北冰红葡萄蒸馏酒中的挥发性物质总含量降低了 8.94%，蒸馏酒减少了莓果香、新鲜叶草香气、白兰地酒香、黑莓香味、辛辣味、酮样等香味；增加了酒精味、水果香味、苹果皮、奶油、脂肪香、芳香等气味。

第3章　山葡萄酒酿造基本工艺及原理

3.1　工艺流程

山葡萄酒酿造的基本工艺流程如图3-1所示。在此基础上，不同类型的山葡萄酒的具体工艺略有差别，本书将在以后的章节中具体阐述。

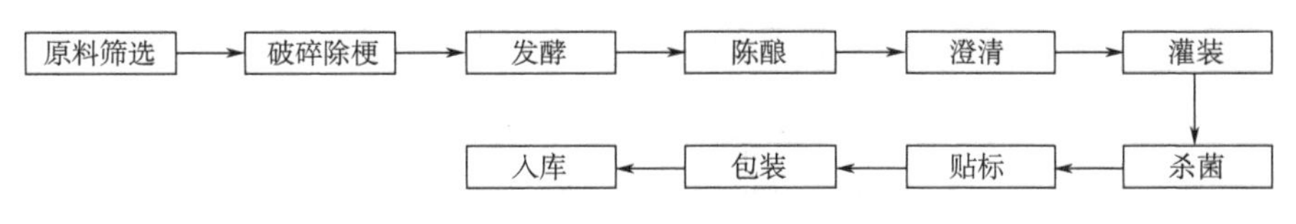

图3-1　山葡萄酒酿造的基本工艺流程

3.2　山葡萄筛选

成熟的山葡萄全呈紫黑色或蓝黑色（除公主白外），果皮变软，皮、肉、子较易分开，果汁糖度高，有些粘手，香味浓，糖度与酸度比在4~4.5之间，达到了山葡萄应有的色、香、味。葡萄在破碎之前，必须进行选别，将未成熟的葡萄及腐烂果等选出。未成熟的葡萄酸高、单宁多，腐烂果带有怪味，并附有较多的害菌，如不分开处理，怪味和害菌就会传染到好的葡萄汁中。另外，还需将树枝、木片、铁、石等杂物选出，以免损坏机器或影响葡萄酒质量。

3.3　除梗破碎

除梗破碎的目的是将葡萄梗和葡萄分开，并将葡萄压破，使它的汁液流出，以便糖分可以直接被酵母利用，变成酒精，使发酵顺利地进行。在除梗破碎过程中，应尽量避免撕碎果皮，压破种子和碾碎果梗，以降低葡萄汁中悬浮物的含量。除梗和破碎，可以是先破碎后除梗（图3-2），也可以是先除梗后破碎（图3-3）。先破碎后除梗会对梗产生一定的破碎作用，且使果梗上沾满了葡萄汁，造成果汁损失，因而目前大多采用先除梗后破碎。

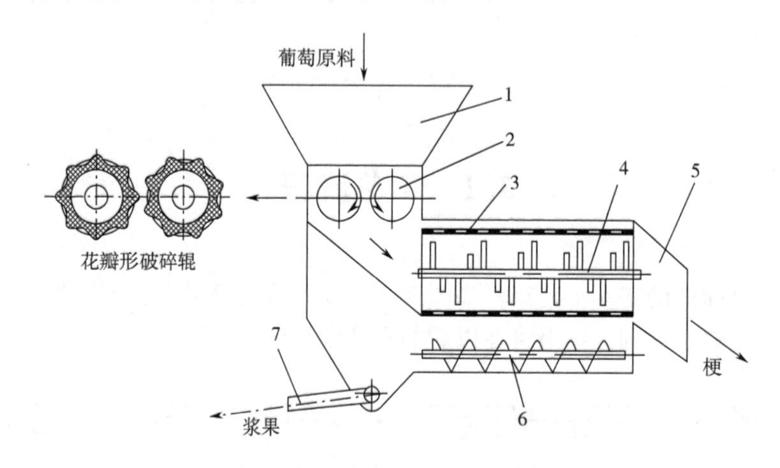

图 3-2 葡萄破碎除梗机的结构原理图

1—料斗 2—破碎辊 3—筛筒 4—除梗螺旋 5—果梗出口 6—螺旋排料器 7—果浆出口

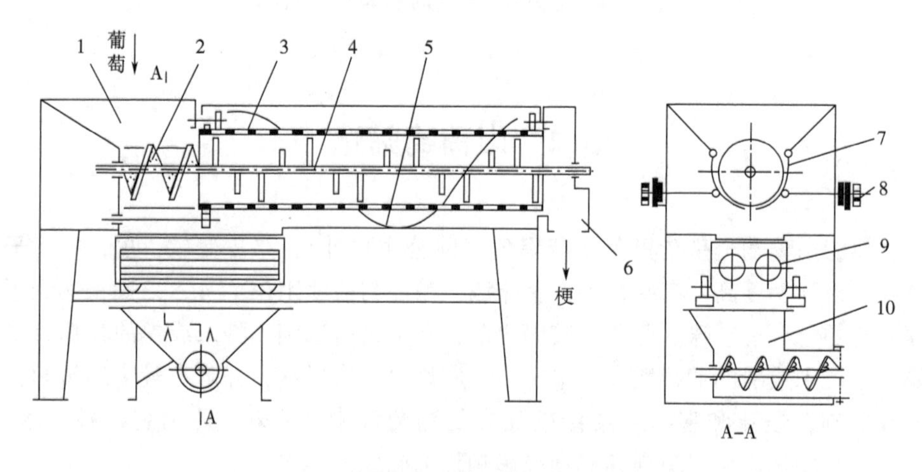

图 3-3 葡萄除梗破碎机的结构原理图

1—料斗 2—输送螺旋 3—筛筒 4—除梗螺旋 5—螺旋片 6—果梗出口

7—活门 8—手轮 9—破碎装置 10—排料装置

图 3-2 所示为葡萄破碎除梗机的结构原理图。工作时葡萄由料斗投进并落入破碎辊之间，葡萄颗粒在辊齿的挤压下被破碎，并同果梗一起进入筛筒。除梗螺旋的叶片呈螺旋排列，与筛筒的转动方向相反。这样，在除梗螺旋叶片的作用下，果梗被摘除并从果梗出口排出；果肉、果浆等则从筛孔中排出并落入下部螺旋排料器中，再经果浆出口排出。

图 3-3 所示为葡萄除梗破碎机的结构原理图。工作时，当葡萄从料斗投入后，首先在螺旋的推动下向右进入筛筒中除梗，梗在除梗螺旋的作用下被摘除并从果梗出口排出；浆果从筛孔中排出，并在缠绕在筛筒外壁上的螺旋片的推动下向左移动落入破碎装置中进行破碎，然后由下部的螺旋排料装置排出。活门 7 的开口大小可以通过手轮 8 来调节，以满足不同除梗率的要求。当工艺要求为完全不除梗时，可将活门全部打开，葡萄可直接进入破碎装置进行破碎，此时应使除梗装置停止运转。破碎装置下部设有四个轮子，可使装置沿纵向移动。当工艺要求完全不破碎时，可将装置推向右边，使经过或未经过除梗的葡萄直接由螺旋排料装置排出。同样，调节破碎辊间的距离，可以满足不同破碎率的要求。图 3-4 为葡萄除梗破碎机实物图。

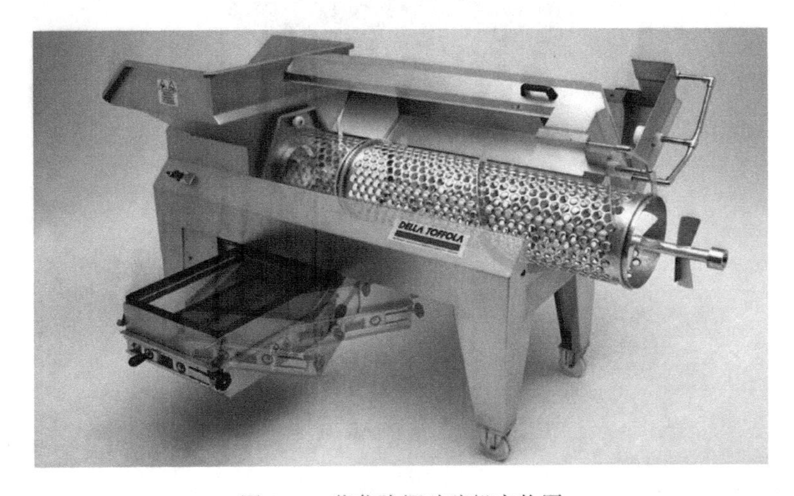

图 3-4 葡萄除梗破碎机实物图

3.4 压榨

在生产红葡萄酒时，破碎后的葡萄直接入罐，皮渣与葡萄汁混合发酵。但是，在生产冰葡萄酒以及对红葡萄酒浸渍发酵后的皮渣进行分离时，必须采用压榨的方式获得葡萄汁。工业上常用的葡萄汁压榨设备一般是液压压榨（图 3-5），而中试化生产和家庭酿酒一般采用水囊压榨和手工压榨。根据酿酒工艺要求，在压榨过程中应该避免压出果皮、果梗及果籽本身的构成物质。这就要求压榨过程要缓慢进行，压榨压力要缓慢增加，且不能过高。为了在较低的压力下提高出汁率，往往采取多次压榨的办法，即前一次压榨后将残渣疏松一下，再进行后一次压榨。

图 3-5 葡萄液压压榨机

3.5 发酵

3.5.1 二氧化硫处理

葡萄汁营养丰富。当葡萄破碎后，葡萄自身携带的微生物和环境中的微生物都会利用葡萄汁中的营养成分进行繁殖。这些微生物包括酵母、霉菌和细菌。如果霉菌、细菌以及某些非酿造酵母等杂菌不能得到有效控制，葡萄酒的品质就难以保证，会给葡萄酒的规模化生产带来巨大的风险。因此，在发酵之前，一般使用二氧化硫进行杀菌处理，以抑制杂菌生长，然后再接种人工培育并具有一定二氧化硫耐受力的纯种酿酒酵母，以保证发酵的顺利进行。

目前，应用于葡萄酒酿造过程的二氧化硫的形式主要有偏重亚硫酸钾、亚硫酸、液体二氧化硫、硫黄片等。其中，偏重亚硫酸钾和亚硫酸因其使用方便，应用得较为广泛。对于无破损、霉变的葡萄原料，常用的二氧化硫浓度一般在 30~80 mg/L，对于存在破损、霉变的葡萄原料，常用的二氧化硫浓度一般在 80~100 mg/L。偏重亚硫酸钾的理论二氧化硫含量为 57%，但在实际使用中，其计算用量为 50%。使用时，先将偏重亚硫酸钾用水溶解，以获得 12%的溶液，其二氧化硫含量为 6%。

亚硫酸是二氧化硫的水溶液，常用的亚硫酸溶液中的二氧化硫的含量为 6%。

二氧化硫在葡萄发酵基质和葡萄酒中存在的形式有两种：即游离态 SO_2 和结合态 SO_2。

1. 游离态 SO_2

溶于发酵基质中的 SO_2 首先与水化合生成亚硫酸，并处于以下平衡：

$$SO_2+H_2O \rightleftharpoons H_2SO_3 \rightleftharpoons H^++HSO_3^-$$

在以上平衡中，亚硫酸的杀菌力主要是由分子态 SO_2 引起的。随着温度和酒精度的升高，分子态 SO_2 浓度也会上升，其杀菌作用也越强。此外，在游离 SO_2 中，分子态的 SO_2 的比例取决于溶液的 H^+浓度，即取决于 pH。pH 越小，分子态的 SO_2 所占比例越高，而以 HSO_3^- 形态存在的 SO_2 没有气味，且没有杀菌作用。

2. 结合态 SO_2

SO_2 可以与葡萄酒中的醛类、酮类、醇类等物质形成结合状态的 SO_2。结合态的 SO_2 没有杀菌作用。

SO_2 在葡萄酒生产中除了具有杀菌的作用外，还具有促进白葡萄酒的澄清、抗氧化以及提高酚类和色素溶解量的作用。但是，SO_2 的使用不仅会减弱葡萄酒的风味，还会危害人体的健康。因此，各国对成品葡萄酒中的总 SO_2 残留量都有限量要求，我国国标中规定，成品葡萄酒中的总 SO_2 残留量≤200 mg/L。应该注意的是，葡萄酒生产过程中，应该尽可能地减少 SO_2 的使用量。

3.5.2　酵母的添加

葡萄汁经 SO_2 处理后，通常添加人工培育的高活性干酵母。商业化的活性干酵母往往具有启动快、耐高糖、耐高酸、香气好等特点。酵母添加之前要先进行活化，一般是将干酵母加入含糖 5%的温水（35℃左右）中，分散均匀后，静置 20~30 min。酵母的添加量一般为 100~200 mg/L。如果酵母添加较多，发酵太快，往往会使葡萄酒产生苦味。如果添加较少，发酵启动慢，容易导致有害微生物生长。虽然在发酵之前向葡萄汁中添加了 SO_2，但 SO_2 的添加量仅仅是对杂菌和害菌起到抑制作用，并不会完全将其杀灭。发酵过程中，当酿酒酵母处于生长优势时，酿酒酵母的某些代谢产物会对其他微生物起到抑制作用，同时，不断升高的酒精度也会抑制其他微生物的生长，从而保证了发酵的正常进行。此外，在发酵期间，酵母的活性与发酵温度密切相关。发酵温度过低（低于 16℃）或过高（高于 30℃）都会降低酵母的活性，产生不良后果，如发酵终止、杂菌大量繁殖等，发酵温度最好控制在 20~25℃之间。同时，我们还要注意，发酵过程是一个放热过程，发酵液的温度会升高，因此，要随时监控发酵液的温度，以便及时调整。温度过高时，可通过搅拌或倒汁的方式进行降温；温度过低时，可以通过提高环境温度或将少部分发酵液加热后倒回发酵罐内的方法升温。

除了利用商业化的高活性干酵母外，有时为突出产品风味和特色等目的也会采用从自然界中人工筛选的酵母。但是，这类酵母需要经过几次扩大培养之后才能使用，而且涉及菌种的分离、纯化、驯养、保藏、复壮等工作，投入的时间、人力和物力成本相对较高。

3.5.3 主发酵

主发酵也就是酒精发酵，是酵母在无氧的条件下生长繁殖，将糖转化为乙醇的过程。主发酵过程中，葡萄醪中的总糖和总酸含量不断下降，酒精含量和 pH 值不断上升（图 3-6）。

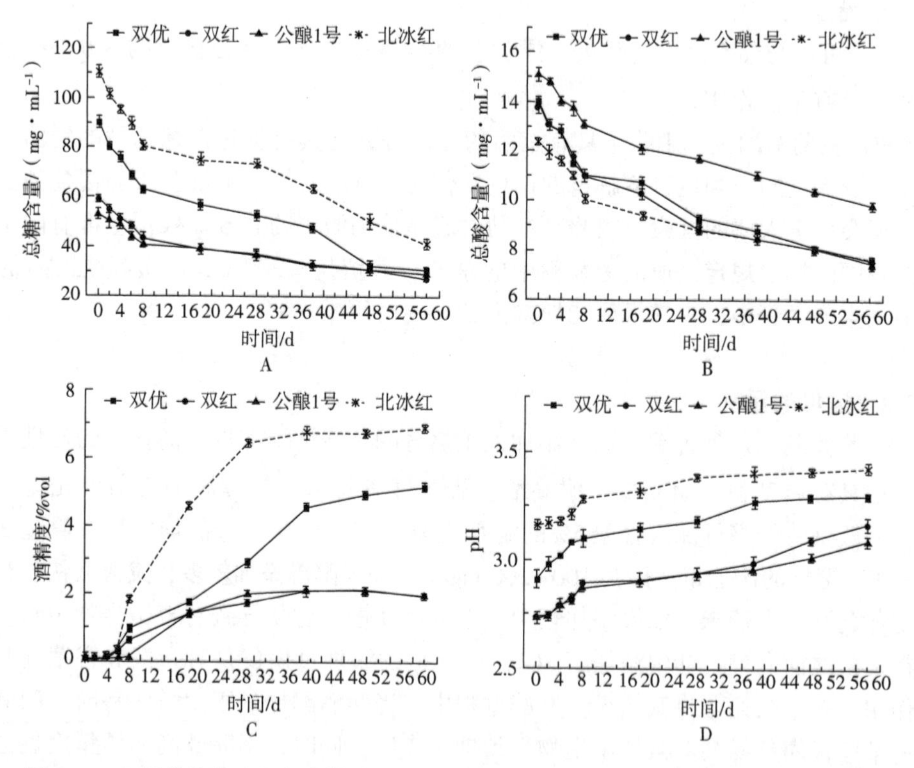

图 3-6 山葡萄发酵过程中总糖（A）、总酸（B）、酒精度（C）和 pH（D）的变化

葡萄破碎后被送入发酵容器中，同时加入酵母液，加以搅拌，使酵母液均匀分布。在发酵过程中，酵母的生长周期可以分为 3 个阶段（图 3-7）：

①繁殖阶段。酵母菌迅速出芽繁殖，逐渐使其群体数量达 10^7 CFU/mL 左右。这一阶段可持续 2~5 d。

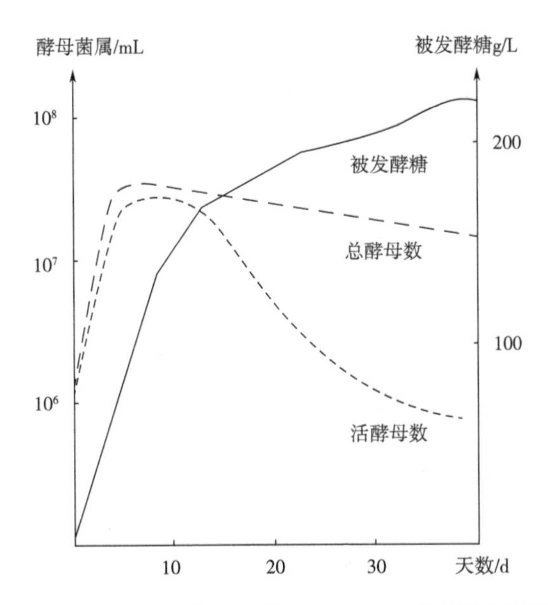

图 3-7　酵母的生长周期与高糖（320 g/L）葡萄汁的酒精发酵

②平衡阶段。在这一阶段中酵母菌活细胞群体数量不增不减，几乎处于稳定状态。这一阶段可持续 8 d 左右。

③衰减阶段。酵母菌活细胞群体数量逐渐下降，直至 10^5 CFU/mL 左右。这一阶段可持续几个星期。

在繁殖阶段和平衡阶段，酵母可消耗葡萄酒中大约 80%的总糖（以含糖量 320 g/L 的葡萄汁为样品），其余约 20%的总糖被处于衰减阶段的酵母消耗。

发酵过程中，酵母除了将葡萄汁中的糖发酵成酒精外，还会生成其他副产物，如甘油、乙醛、乙酸、乳酸、高级醇、酯类、双乙酰、乙偶姻等。这些物质的含量如果在阈值以内，对酒的风味有修饰作用，并有利于葡萄酒风味复杂性的形成；一旦超过了阈值，就可能使葡萄酒产生异味。

山葡萄酒主发酵的结束一般可分为两种情况。一种是葡萄醪的酒精度已达到要求，这时可以通过添加 SO_2 结束发酵，并检测总糖、总酸等理化指标。另一种是让酒精发酵自然结束。此时葡萄醪中的产气现象停止，对于红葡萄酒的酿造还伴有皮渣下沉的现象。皮渣分离后，可根据生产要求考虑是否进行后发酵。

3.5.4　后发酵

后发酵也称为苹果酸—乳酸发酵。在山葡萄酒的生产过程中，苹果酸—乳酸发酵并不是必需的，要根据葡萄品种，所酿葡萄酒的类型、特点，产品要求等因素决定是否需要苹果酸—乳酸发酵。苹果酸—乳酸发酵是利用乳酸菌将葡萄酒中的苹果酸（二酸）转化成乳酸（一酸），从而降低葡萄酒酸度的过程（图 3-8）。苹果酸—乳酸发酵又被称为后发酵、二次发酵、次发酵。

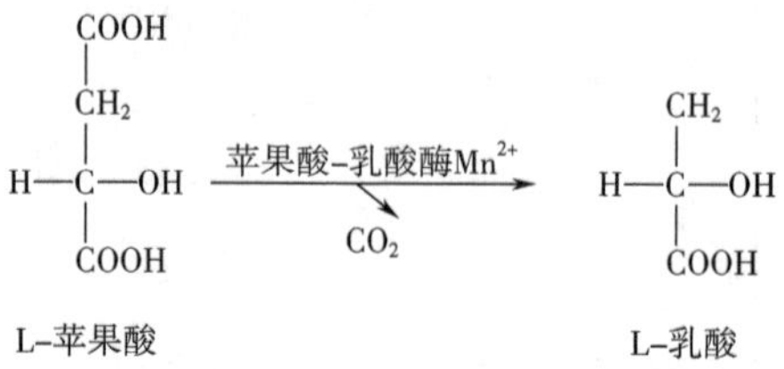

$$\mathrm{HOOC{-}CH_2{-}CH(OH){-}COOH} \xrightarrow[\ CO_2\ ]{\text{苹果酸-乳酸酶}Mn^{2+}} \mathrm{CH_2{-}CH(OH){-}COOH}$$

L-苹果酸　　　　L-乳酸

图 3-8　苹果酸—乳酸轻化过程

1. 苹果酸—乳酸发酵的作用

苹果酸—乳酸发酵对酒的品质有着很重要的影响，它能降低葡萄酒的酸度，增加 pH 值，并且能改变葡萄酒的口感、色泽、香气等。苹果酸—乳酸发酵对葡萄酒的影响主要体现在以下 3 个方面：

（1）降酸作用

在发酵初期，葡萄汁中苹果酸的含量较高，苹果酸—乳酸发酵就成为了主要的降酸办法，随着二元酸逐步反应变为一元酸，葡萄酒的酸含量降低了。一般情况下苹果酸—乳酸发酵能使总酸度下降 1~3 g/L。

（2）降低色度

由于苹果酸—乳酸发酵作用使总酸度降低，pH 值上升，导致葡萄酒的色密度由紫色向蓝色色调转变。除此之外，乳酸菌利用了与 SO_2 结合的物质，使 SO_2 游离，并且与花色苷结合，也降低了葡萄酒的色密度。

（3）风味修饰

苹果酸—乳酸发酵的另一个重要影响就是能改变酒的风味口感。柠檬酸被乳酸菌分解产生双乙酰、乙酸及其衍生物等。这些物质均能影响葡萄酒的风味，其中影响最大的是双乙酰，当其含量较小时（阈值内）可改善风味，但是，当其含量过高时（超过阈值）则会影响酒的口感。

2. 乳酸菌种类

引起苹果酸—乳酸发酵的乳酸菌分属于乳杆菌科（*Lactobacillaceae*）和链球菌科（*Streptococcaceae*）两个科的 4 个属。其中，属于乳杆菌科的乳酸菌仅有乳杆菌属（*Lactobacillus*），该属细菌细胞呈杆状，革兰氏阳性；属于链球菌科的有 3 个属，即酒球菌属（*Oenococcus*）、片球菌属（*Pediococcus*）和明串珠菌属（*Leucanostoc*），这 3 个属的乳酸菌细胞呈球形或球杆形，革兰氏阳性。葡萄酒中参与苹果酸—乳酸发酵的乳酸菌多为异型乳酸菌，发酵产物中除了生成乳酸和二氧化碳外，还有乙醇或乙酸等多种产物。

3. 影响乳酸菌在葡萄酒中生长的因素

影响乳酸菌在葡萄酒中生长的因素主要有 pH、温度、酒精度和二氧化硫浓度。

（1）pH

乳酸菌的最适生长 pH 都在 4.8 以上，而且 pH 越低乳酸菌受到的抑制作用就越强。苹果酸—乳酸发酵的适宜 pH 在 3.1～3.5 之间。因为，在 pH 高于 3.5 时，片球菌属和乳杆菌属的细菌虽然也能参与苹果酸—乳酸发酵，但也会分解葡萄酒中的其他成分，造成葡萄酒的败坏。pH 低于 3.1 时，乳酸菌很难繁殖，只有当乳酸菌的群体数量达到足够大时（$>10^6$ CFU/mL），苹果酸—乳酸发酵才能在 pH 3.1 进行。

（2）温度

乳酸菌生长的最适温度在 20～23℃，其中酒酒球菌的生长和苹果酸—乳酸发酵的最佳温度为 20℃左右，温度低于 20℃时，苹果酸—乳酸发酵会被推迟。但是，即使在温度为 10～15℃的情况下，已经启动的苹果酸—乳酸发酵也会继续进行。当温度降至 14～15℃时，乳酸菌生长停止。温度高于 25℃时，不仅会抑制乳酸菌的生长，还有利于细菌的繁殖，导致葡萄酒的挥发酸含量上升。因此，在实践中应尽量保持葡萄酒的温度为 20℃。

（3）酒精度

一般认为，当葡萄酒中的酒精含量超过 8%～10%（体积分数）时，会抑制乳酸菌的生长。但是，不同种的乳酸菌对酒精的敏感性不同。大多数的酒明串珠菌和片球菌可以忍耐 12%～14%的酒精度，大多数乳杆菌属的细菌可以忍耐 15%的酒精度，植物乳杆菌甚至可以忍耐 17%的酒精度。同时，酒精的抑制作用还受 pH、温度和 SO_2 浓度的影响。温度升高和 pH 的降低都能减弱乳酸菌对酒精的忍耐性。

（4）二氧化硫浓度

当葡萄酒中总 SO_2 浓度达 100 mg/L 以上或游离 SO_2 浓度达 50 mg/mL 以上时，都能对葡萄酒乳酸菌的生长产生抑制作用。因此，当酒精发酵结束后，如果需要进行苹果酸—乳酸发酵，必须禁止在分离时对葡萄酒进行 SO_2 处理。

（5）微生物间的相互作用

在酒精发酵过程中，乳酸菌的生长受到抑制，除了 pH、温度、酒精度以及 SO_2 浓度的影响外，酵母菌的生长与繁殖对乳酸菌也起到了抑制作用，这主要是通过对营养的竞争和分泌抑菌物质来实现的。

4. 苹果酸—乳酸发酵的控制

（1）自然发酵

在酒精发酵结束后，葡萄酒的 pH 一般在 3.2～3.9 之间，此时，应将葡萄酒开放式分离至干净的酒罐中，并将温度保持在20℃左右。在这种情况下，几周以后，或在第二年的春天，苹果酸—乳酸发酵可能自然触发。但是，对于山葡萄酒来说，由于山葡萄本身酸度高，山葡萄酒的pH一般在2.9左右，所以，山葡萄酒在进行苹果酸—乳酸发酵之前可能需要调整pH，以促进苹果酸—乳酸发酵的启动。但是，为了使葡萄酒的苹果酸—乳酸发酵能在酒精发酵结束后立即触发，可采用人工接种乳酸菌的方式启动苹果酸—乳酸发酵。

在主发酵结束后，葡萄酒中的乳酸菌不能立即启动苹果酸—乳酸发酵的原因主要是：在酒精发酵过程中，部分乳酸菌不能增殖，甚至有些种的细菌几乎全部死亡。酒精发酵后，存活下来的乳酸菌细菌总数下降到每毫升只有数个细胞，甚至用平板分离法不能检出。此时的乳酸菌种类主要是酒酒球菌、有害片球菌以及植物乳杆菌。残存的活性强的乳酸菌经过一段迟滞期后，开始增殖，当细菌密度达到10^6~10^8 CFU/mL时，苹果酸—乳酸发酵被启动，此时的主导菌为酒酒球菌。但是，当pH较高（pH 3.5~4.0）的情况下，片球菌和乳杆菌也可以进行苹果酸—乳酸发酵。

（2）人工启动

酒精发酵结束后，如果需要对葡萄酒进行苹果酸—乳酸发酵，就必须做到对原料的SO_2处理不能高于60 mg/L；选用优质酵母进行发酵，防止酒精发酵中产生SO_2；酒精发酵必须完全，且酒精发酵结束后不能对葡萄酒进行SO_2处理；将葡萄酒的pH调整至3.2；接种乳酸菌，并在18~20℃的条件下，添满、密封发酵。

（3）苹果酸—乳酸发酵的终止

苹果酸—乳酸发酵的结束，并不导致活乳酸菌群体数量的下降。在适宜的条件下，它们可以以平衡状态较长期地存在于葡萄酒中。在此期间，乳酸菌的活动可作用于残糖、柠檬酸、酒石酸、甘油等葡萄酒成分，引起多种病害和挥发酸含量的升高。因此，在所有苹果酸消失后，应立即分离出葡萄酒，并在分离的同时加入SO_2（50~80 mg/L）以杀死乳酸菌。

3.6 陈酿

葡萄汁发酵结束后获得原酒，将原酒贮藏在小木桶或贮藏罐中，排放在酒窖内，经过3~5年的时间，任其老熟，称为陈酿。陈酿时，山葡萄酒的酒精含量至少达到12%（体积分数），否则易发生因杂菌繁殖而引起病害和败坏。

葡萄酒需要陈酿的原因：发酵结束后刚刚获得的葡萄酒酒体粗糙、酸涩，饮用质量较差，通常称之为生葡萄酒。在陈酿的过程中，葡萄酒会经过一系列的物理、化学变化后才达到最佳饮用质量。但是，陈酿并不是山葡萄酒生产过程中的必需环节，是否进行陈酿要具体情况具体分析，要根据发酵后山葡萄酒的品质来决定。

用橡木桶陈酿之前，贮藏容器必须清洗干净，并用硫黄燃烧器燃熏硫黄，利用二氧化硫杀菌。当原酒装入容器后，要尽量装满，不留一点空隙，因为有了空隙就易生长酒花菌或其他有害菌，使酒质变坏或口味变平淡。如果原酒的酒精度低于12底，可在容器装满后，在酒面上浇一层脱味酒精，提高上部原酒的酒精度，可防止有害菌繁殖，加完酒精后应加盖密封，不让空气直接进入。

当用橡木桶陈酿时，山葡萄酒会通过木桶的孔眼不断蒸发，同时，原酒中的二氧化碳也会不断地逸出，从而使原酒的体积减小。因此，要经常添桶，添桶时必须使用相同品种、相同质量的原酒。添桶时间在新酒入桶后，第一个月内每3~4 d 1次，第二个月7~8 d 1次，以后每月1次。

葡萄酒陈酿期间需要换桶，一是将葡萄酒与陈酿期间产生的沉淀（酒泥）分离，以免温度上升时，沉淀物重新上浮，引起葡萄酒混浊；二是可以使葡萄酒与空气接触加速成熟。但是，近年来的国内外研究显示，酒泥的存在会改善葡萄酒的风味。此外，利用橡木桶陈酿时，橡木桶中的某些成分会进入葡萄酒中，影响葡萄酒风味。同时，橡木桶的通透性使葡萄酒在陈酿期间发生缓慢的氧化反应，引起色素和单宁含量下降，从而使葡萄酒的色泽和口感发生变化。

贮藏室内的温度应保持在8~15℃，湿度在85%左右。每次换桶以后，取样观察原酒的透明度、颜色和口味是否正常，并镜检有无害菌，同时取样化验主要成分是否超过或达到标准，有无显著变化，有无病害现象等，均须详细检查记录。生病者应及时处理。经常检查桶内的酒是否装满，不满的应及时添桶。另外检查桶塞是否塞紧，有无漏酒现象。贮藏容器上应有卡片，注明品种及质量情况、装桶日期和数量等，以免混乱。

葡萄酒在陈酿时普遍使用橡木桶作为储酒容器，而实事上，陶器是历史悠久的盛酒容器和储酒容器。河南省舞阳县贾湖遗址中发现的用于盛装葡萄酒的容器就是陶器。而且，陶器一直是我国盛酒和储酒的主要容器，即使在现在，我国传统黄酒和白酒的生产也普遍使用陶器作为盛酒和储酒的容器，只是在成品进入市场销售时会改用玻璃等其他容器盛装。同样，国外葡萄酒最初也是用陶器盛装。例如，在罗马人遇到高卢人之前，双耳瓶一直是罗马人运酒的首选工具，而当时的高卢人使用木桶运输啤酒。后来，橡木因其相对柔软，易成形，且资源丰富而被国外选为材料制成木桶用于盛装葡萄酒。当用木桶盛装葡萄酒时，因受到酒液的浸泡，木桶中的物质会进入酒体中，影响葡萄酒的风味。例如，用橡木桶储酒，会使葡萄酒中带有橡木味。好在这种味道并没有引起人们的反感，人们也易于接受，逐渐被人们习惯甚至喜欢，久而久之，成为了陈酿葡萄酒的一种典型风味。

在实践中人们发现，用橡木桶贮酒会改善酒的品质，使葡萄酒更柔软、更顺滑，从而逐渐奠定了橡木桶在葡萄酒酿造中的地位。当然，这种品质上的改善，是针对国外葡萄酒而言的，因为国外的酿酒葡萄品种与我国本土山葡萄品种之间存在显著差异，所酿葡萄酒的风格也截然不同。国外酿酒葡萄普遍糖高酸低，适合酿造干型葡萄酒，而我国山葡萄酸高糖低、色泽鲜艳、香气浓郁，适合酿造甜型葡萄酒。因此，为了更好地突出我国本土山葡萄酒的独特风格，橡木桶陈酿不一定是必须且唯一的手段。基于我国悠久的葡萄酒酿造历史，探索采用其他容器的陈酿方式应该成为我国山葡萄酒专业人士今后的研究内容之一。

3.7 澄清

成品葡萄酒要求澄清、有光泽、无悬浮物。因此，葡萄酒在装瓶之前需要进行澄清处理。澄清处理的方法最常用的是下胶和过滤。当仅使用过滤处理即可达到澄清目的的时候，就不需要进行下胶处理了。

3.7.1 下胶

1. 下胶的操作要点

葡萄酒在贮藏和陈酿过程中，一些物质可逐渐沉淀于贮藏容器的底部。我们可用转罐的方式将这些沉淀物除去。但是，在葡萄酒中除缓慢沉淀的固体物质外，还含有一些胶体物质，如单宁、色素、蛋白质、多糖、果胶等以胶体形式存在，由于它们的存在以及它们的不适光性、颜色、对光线的折射和散射等特性，可使葡萄酒浑浊。这些胶体物质的带电性和布朗运动使它们以悬浮状态存在，但它们可吸附带相反电荷的胶体物质，失去带电性，通过相互聚集而使体积变大，质量增加，形成沉淀物，这就是胶体的絮凝作用。下胶就是向葡萄酒中加入亲水胶体，使之与葡萄酒中的胶体物质（单宁、蛋白质、果胶等）发生絮凝反应，并将这些物质除去，使葡萄酒澄清、稳定。

下胶之前须进行试验，以决定下胶材料及其用量。常用的下胶材料主要包括膨润土、明胶、鱼胶、蛋白（鸡蛋清）、酪蛋白。下胶试验可以在 750 mL 的白色瓶内进行，也可在长 8 cm、直径为 3~4 cm 的玻璃筒内进行。瓶子有利于摇动，使下胶物质分布均匀，絮凝沉淀的速度较快，在玻璃筒内进行时，则更易观察沉淀所需要的时间。在下胶试验过程中应该记录絮凝物出现所需的时间、絮凝物沉淀的速度、下胶后葡萄酒的澄清度、酒脚的高度及其下沉和压实的情况。通过下胶试验选择澄清效果最好、絮凝沉淀速度快、酒脚最少的下胶材料。

下胶处理必须在酒精发酵和苹果酸—乳酸发酵结束后才能进行，因为酒精发酵时释放的二氧化碳会影响下胶效果，苹果酸—乳酸发酵会因乳酸菌被清除而受到抑制。此外，葡萄酒必须无病，如果葡萄酒已发生病害，则应在下胶以前加入 50 mg/L 的二氧化硫，以杀死病原微生物。

下胶最困难的是使下胶材料与葡萄酒迅速地均匀混合，否则，会导致澄清不完全。为了避免这一现象，必须几乎在下胶的同时使下胶物质均匀地分布在葡萄酒中。所以，首先应将下胶溶液用水稀释，以便于混合，而且可将絮凝速度放慢，稀释的程度可以每千升葡萄酒加入 2.5 L 左右的水为限。但必须注意，应绝对避免用葡萄酒直接稀释下胶溶液，否则，下胶物质在通入葡萄酒前就已经部分产生沉淀。

下胶时必须使加入的胶体材料全部絮凝沉淀，而不能保留在葡萄酒中。下胶过量的葡萄酒是不稳定的，温度变化、与其他葡萄酒相混合、在橡木桶中进行贮藏、装瓶后软木塞浸出的少量单宁等因素，都会使葡萄酒重新变浑。

参考实例：

（1）膨润土的使用

成品膨润土为白色、乳白色或淡黄色粉末状或颗粒状。膨润土的用量一般为 400～1000 mg/L。在使用时，应先用少量热水（50℃）使膨润土膨胀。在这一过程中，应逐渐将膨润土加入水中并搅拌，使之呈奶状，然后再加进葡萄酒中。

（2）明胶的使用

明胶的使用分以下两个步骤：

在下胶的前一天，将明胶在冷水中浸泡，使之膨胀并除去杂质。同时，如果需要，应在待处理的葡萄酒中加入单宁。因为明胶的沉淀作用是在单宁含量较多的情况下发生的。

在下胶时，先将浸泡明胶的水除去，并将明胶在其体积 10～15 倍的水中溶解后，再倒入需处理的葡萄酒中。在处理白葡萄酒时，最好用明胶与膨润土混合处理，以避免由于单宁含量过低而造成的下胶过量。

（3）蛋白

蛋白使用时，先将蛋白调成浆状，再用加有少量碳酸钠的水进行稀释，然后注入葡萄酒中。用量为 60～100 mg/L。除蛋白外，也可使用鲜蛋清，其效果与蛋白相同。在使用蛋清时，先将鸡蛋清调匀，并逐渐加水。加水量为每 10 个鸡蛋清加 1 L 水，最好在每个蛋清中加入 1 g NaCl。用量为每 1000 L 葡萄酒 20 个蛋清。蛋白和蛋清是用于红葡萄酒澄清的优良下胶物质，但不能用于白葡萄酒。

（4）酪蛋白

使用酪蛋白时，先将 1 kg 酪蛋白在含有 50 g 碳酸钠的 10 L 水中水浴加热溶解，再用水稀释至 2%～3%，并立即使用。如果仅用于葡萄酒的澄清，酪蛋白的用量为

150~300 mg/L。如果使用浓度较高（500~1000 mg/L），它还可使白葡萄酒变黄或氧化白葡萄酒或使红色品种酿造的白葡萄酒脱色，除去异味并增加清爽感，沉淀部分铁。此外，由于酪蛋白的沉淀是酸度的作用，所以不会下胶过量。因此，酪蛋白是白葡萄酒最好的下胶材料之一。

2. 下胶材料的种类及其特点

（1）壳聚糖

壳聚糖是天然的阳离子型絮凝剂，对蛋白质、果胶有很强的凝集能力，可以令一些苦味、涩味的蛋白质聚集沉淀，使葡萄酒口感滋味略胜一筹。壳聚糖的用量对山葡萄酒的色度、pH 值、可溶性固形物、总酸基本无影响，还原糖含量有所起伏，但差异极小。壳聚糖用于山葡萄酒的澄清适宜在 15~25℃条件下，用量为 0. 09%~0. 15%。

（2）果胶酶

果胶酶可以打破果胶分子，软化果肉组织中的果胶质，使高分子的聚半乳糖醛酸降解为半乳糖醛酸和果胶酸小分子物质，使原来存在于果酒中的固形物失去依托而沉降下来。果胶酶的用量对山葡萄酒的色度、pH 值、可溶性固形物基本无影响，总酸略有升高，总糖随果胶酶用量的增加略有下降，但与空白对照相差不大。果胶酶用于山葡萄酒的澄清适宜在 15~25℃的温度下，用量为 0. 04%~0. 08%。

有研究显示，在 15℃条件下，复合澄清剂（壳聚糖 69. 1%、果胶酶 71. 1%）对山葡萄酒的澄清效果最好，与单一澄清剂比较，从外观、香气、滋味项目上来看，复合澄清法获得的山葡萄酒效果最佳。

（3）明胶

明胶和葡萄酒中的单宁等酚类化合物可以通过氢键、疏水基等连接，发生聚合作用，使蛋白质发生变性，由亲水胶体转化为憎水胶体，在葡萄酒中阳离子的作用下，憎水胶体发生凝聚，形成絮状物而沉淀。同时，明胶带有正电荷，葡萄酒中的胶体成分如单宁等带负电荷，二者接触时相互吸引，形成絮状物而沉淀，使酒液得到澄清。此法澄清需要经过两个过程，首先要使胶体等物质发生凝聚，然后随着凝聚作用使微粒增大，其次再经过沉淀过程，通过沉降作用，使固形物沉淀析出，因此澄清操作的周期较长，需数天至数周才能达到预计的效果。此外明胶的使用剂量难以掌握，使用过量易出现下胶过量的情况，其主要表现为酒液的澄清效果不好，或酒液澄清处理时完全透明，但由于有过量的蛋白质存在，澄清处理后数日甚至在装瓶后由于温度的变化，葡萄酒发生重新浑浊，使葡萄酒出现不新鲜、黏腻感和不愉快的胶味，破坏了葡萄酒原有的风味和品质。有研究显示，随着明胶用量的增加，山葡萄酒的透光率越来越低，原因可能是因为过量的明胶未能与山葡萄酒中的浑浊物质形成絮状物，加进去反而让酒体更浑浊。

（4）皂土

皂土，又名膨润土，是一种天然铝硅酸盐，具有电负性。皂土可固定水分子而使其体积显著增大，在电解质溶液中可吸附蛋白质、色素和其他一些带正电荷的胶体离子而产生胶体的凝聚作用，使之由小颗粒变成大颗粒而沉降，达到澄清的目的，因而被广泛用于葡萄酒的澄清和稳定处理，特别是明胶法过量的处理中。此法用量较大（0.2~1.0 g/L），事先需要与水混匀，静置 1 d 后才能进行操作，操作麻烦、时间较长。此外单独使用皂土澄清时，红葡萄酒的色泽会有较大损失，且经皂土下胶后的红葡萄酒易出现口感淡薄、粗糙和不细腻的不良现象，因此很少单独用于红葡萄酒的澄清，多用于白葡萄酒的澄清。通常采用少量皂土和明胶配合使用，但二者的配合用量难以掌握。有研究显示，随着皂土用量的增加，山葡萄酒的澄清无显著效果，甚至有所下降，出现这种现象可能是因为过量皂土对山葡萄酒无澄清作用，反而增加了杂质形成浑浊。

（5）鱼胶

鱼胶由鱼鳔，尤其是鲟鱼鱼鳔处理得到，一般情况下为无色透明或略带黄色，形状为薄片状或蠕虫状或条状，使用鱼胶时，只能用冷水进行膨胀，而不能加热。在处理白葡萄酒时，使用鱼胶与明胶相比用量少，澄清效果好，且葡萄酒具有光泽，不会造成下胶过量。

（6）蛋白（鸡蛋清）

蛋白是一种没有任何异味和杂质的精细粉状物，是用鲜鸡蛋清经过一定的净化和纯化工艺，最后雾化精制得到。它的作用机理是跟酒中的一些大分子物质结合形成絮状沉淀来达到澄清的目的，如涩味单宁、色素等。红葡萄酒经澄清处理后会更细腻、醇熟、柔和，但不显单薄，粗糖感会明显减少，最重要的是在澄清处理到最后时，酒中的苦味和凸显的涩味都会被除去。蛋白的使用不但能实现口感的完美，而且不会产生其他的副作用，如颜色损失、下胶过量以及异味等，全面实现高效、高质量的过滤。作为一种高效的澄清剂，其原理跟明胶是一样的。

（7）酪蛋白

酪蛋白外观为白色或者淡黄色粉末，不溶于水，能溶碱液，遇酸而发生沉淀，是牛奶中的主要蛋白质，约占牛奶蛋白质总量的 80%。因为酸使其沉淀，所不用担心下胶过量的问题，非常适合白葡萄酒的澄清。

（8）聚乙烯吡咯烷酮（PVPP）

聚乙烯吡咯烷酮是一种温和的合成下胶剂，在不降低葡萄酒香气的前提下，它主要吸收酶类物质，防止白葡萄酒产生涩味或褐变。同时，PVPP 还可以吸收粉色色素的酚类前体物质，用于除去或防止葡萄酒的粉色化。

3.7.2 过滤

在葡萄酒酿造中，为了使葡萄酒在某种程度上长期保持清澈透明，除了自然澄清外，还要经过许多次过滤。目前，在葡萄酒生产中应用较普通的过滤设备有板框式过滤机、层积过滤及膜过滤机。

1. 板框过滤

板框式过滤机常用的过滤介质为纸板，其结构如图 3-9 所示。止推板和机座由两个纵梁连接，构成机架。机架上靠近压紧装置一端放置着压紧板。在止推板与压紧板之间依次交替排列着滤框和滤板，滤框与滤板之间夹着纸板。压紧后，滤框与其两侧纸板之间形成滤室。滤板和滤框两侧均设吊耳，安装时悬挂于两纵梁上。滤框是中空的，滤板两侧表面有沟槽。在滤板和滤框的右上角均有一小孔，安装后，这些小孔便形成了滤浆通道。此外，滤框上还有与该小孔相连的通道，将滤浆导入框内。过滤时，滤液穿过纸板布进入滤板，而滤渣则沉积于纸板上，在框内形成滤饼。进入滤板的滤液沿沟槽向下流动，并从每块滤板左下角小孔形成的通道排出。

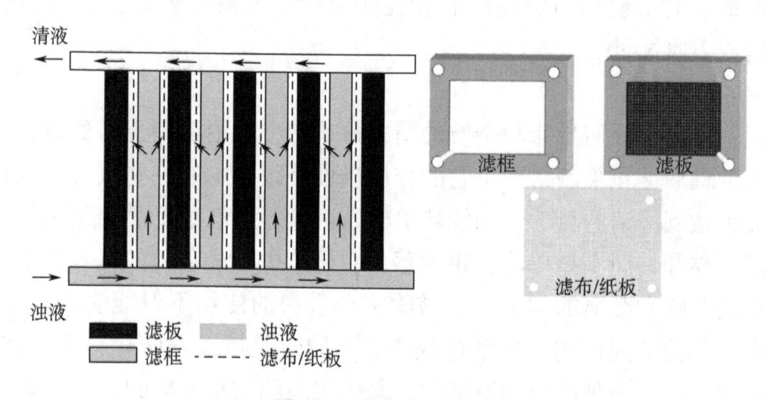

图 3-9 板框过滤设备

2. 层积过滤

除板框过滤外，还有一种常用的过滤方式称为层积过滤。层积过滤机的过滤面由孔目较大的物质构成，主要有棉布、不锈钢丝网或尼龙网等。在使用时应将过滤介质与葡萄酒混匀，然后均匀地输送到过滤机中，使之层积在过滤面上形成过滤层（即滤饼）。所使用的过滤介质主要由硅藻土、珍珠岩或纸浆制成。过滤介质在过滤面上的层积可以一次性完成，也可在整个过滤过程中连续地加入介质。在整个过滤过程中，同样要保持压力平衡一致，以免介质从滤面上脱落，影响过滤效果。

3. 膜过滤

膜过滤的过滤介质是由高分子聚合物构成的。在葡萄酒生产中主要用于装瓶前的除菌过滤，只能过滤澄清的葡萄酒。常用于过滤葡萄酒的过滤膜主要有两种：孔目直径为 1.20 μm（可除去酵母菌）和 0.65 μm（可除去乳酸菌和醋酸菌）的过滤膜。过滤膜的厚度一般为 150 μm。过滤膜的孔隙率很高，可达 80%；虽然很薄，但具有较强的机械抗性和抗热能力，其工作压力为 0.3~0.5 MPa，并且可抵抗 80℃ 的灭菌温度。

3.8　洗瓶、灌装、压塞

3.8.1　洗瓶

山葡萄酒灌装之前需要对酒瓶进行冲洗。洗瓶机分冲淋洗瓶和浸泡—冲淋洗瓶两大类型。冲淋洗瓶机在洗瓶过程中只是对酒瓶进行冲洗；浸泡—冲淋洗瓶机是将酒瓶先浸泡一段时间，然后再进行冲洗。冲淋洗瓶机主要用于新瓶的清洗；浸泡—冲淋洗瓶机既可用于旧瓶，也可用于新瓶的清洗。现代葡萄酒生产中，一般都采用新瓶，而且新瓶的包装比较严密，卫生状况好，不需要浸泡，因此多采用冲淋洗瓶机。目前，冲淋洗瓶机一般都采用抓瓶、翻瓶、冲瓶、沥水、翻转复位、出瓶等工序，实现了全自动化生产。

3.8.2　灌装

用于山葡萄酒灌装的灌装机种类较多，主要有等压灌装机、真空灌装机及虹吸灌装机等。

1. 等压灌装

等压灌装是利用贮液箱上部气室中的无菌压缩空气（或 CO_2）给酒瓶中充气，使两者的压力接近相等，然后，葡萄酒靠自重流入酒瓶。为了减少装瓶时葡萄酒与空气的接触，还可先将瓶内空气抽去 90%左右，然后充气等压，葡萄酒靠自重落入瓶中。等压灌装适合于带气葡萄酒的灌装，为了防止 CO_2 的损失，施加于葡萄酒的压力应高于溶解气体的压力，对于静止葡萄酒通常为 0.02 MPa，对于起泡葡萄酒为 0.7 MPa。

2. 真空灌装

真空灌装是在低于大气压力的条件下进行灌装。它有两种基本形式：

（1）差压真空式

差压真空式灌装是使贮液箱内保持大气压，只对酒瓶抽气，形成负压（其压力为大气压力的10%~30%），葡萄酒靠两者间的压力差作用流入瓶中。

（2）重力真空式

重力真空式灌装是使贮液箱上部气室与酒瓶内部都处于接近相同的真空状态，葡萄酒靠自重流入瓶中。

真空灌装法 CO_2 损失严重，因而不宜用于带气葡萄酒的灌装，多用于静止葡萄酒的灌装。

3. 虹吸灌装

虹吸灌装是利用虹吸原理把葡萄酒用虹吸管由贮液箱吸入酒瓶中，直至两者液位相等为止。虹吸灌装有两种基本形式：

（1）虹吸管固定，移动酒瓶，使虹吸管插入酒瓶。这种方法可使瓶中液面高度保持一致。

（2）酒瓶固定，移动虹吸管，使其插入酒瓶中。这种方法需使瓶底高度保持一致，否则会造成液面高度有差异。

虹吸灌装多用于流量较小的灌装机。

3.8.3 压塞

1. 软木塞

软木塞具有葡萄酒“守护神”的说法，被广泛地作为理想的葡萄酒瓶塞。其不仅密度和硬度要适中、柔韧性和弹性要好，而且还要有一定的渗透性和黏滞性。葡萄酒装瓶后，需要依靠软木塞与外界的环境隔离，软木塞的透气性好，空气进入瓶中可以促使葡萄酒的酒质变得更加醇厚。如果木塞完全密不透气，瓶内的酒就变成死酒，也会影响到葡萄酒的品质。但是如果结构松散，就会使大量的空气及细菌进入酒瓶，将葡萄酒氧化导致腐坏变味。

按材料或加工工艺不同，软木塞可分为天然塞（含填充塞）、贴片塞、聚合塞、加顶塞。主要使用的软木材质为栓皮栎生长过程中形成的木栓层，使用的是2年及以上年限，而且达到一定厚度时剥离出栓皮栎树皮加工制成。

（1）天然塞

天然塞是软木塞中质量最高的木塞，是用一块或两块以上软木加工成的塞子。主要用于不含气的葡萄酒和储藏期较长的葡萄酒的密封。用天然塞密封的葡萄酒可以贮藏几十年，甚至上百年，可以很好地保持葡萄酒的品质。另外，对于外观质量较差的天然塞，可以在表面均匀地涂上一层用软木粉末与粘结剂制作的混合物，将表面的缺陷与孔洞进行填充和掩盖，这种塞子被称为填充塞

（图 3-10）。

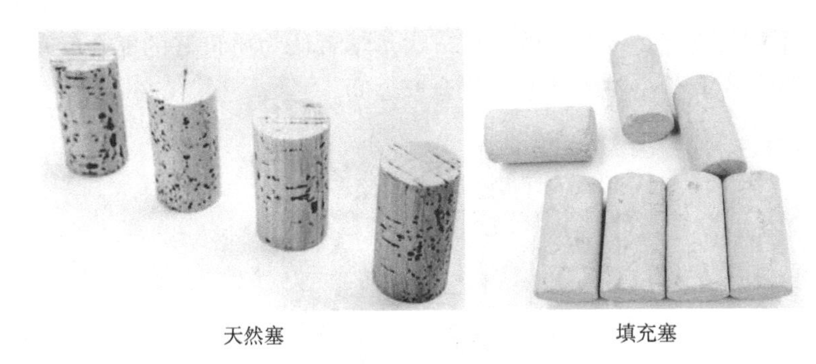

天然塞　　填充塞

图 3-10 天然塞与填充塞

（2）聚合塞

聚合塞是用软木颗粒与粘结剂混合，在一定的温度和压力下，压挤而成板、棒或单体压铸后，经加工而成的塞子。根据加工工艺的不同，可以分为板材聚合塞和棒材聚合塞（图 3-11）。其中，板材聚合塞是由软木颗粒压制成板后加工而成的，物理性比较接近天然塞，含胶量低，是一种较好的葡萄酒瓶塞，但是这种瓶塞的生产成本比较高。棒材聚合塞是将软木颗粒压制成棒后加工而成，这种瓶塞含胶量高，质量不如板材聚合塞，但是其生产成本比较低，使用比较普遍。聚合塞的价格要比天然塞便宜，但是质量和天然塞的差异比较大，如果长期与酒接触，会影响酒质或发生渗漏现象，所以不能长期用于葡萄酒的贮存。

聚合塞　　微颗粒　　超微颗粒

图 3-11 聚合塞

（3）贴片塞

贴片塞是用聚合塞做塞体，在塞体的两端或一端粘贴 1 片或 2 片天然软木圆片的塞子。通常表示为贴片 0+1 软木塞、贴片 0+2 软木塞、贴片 1+1 软木塞、贴片 2+2 软木塞等（图 3-12）。两端的软木贴片避免了聚合体及黏结剂与酒液的直接接触，由于中间聚合体中黏结剂的保质期有限，加上其不稳定的物理特性，随着酒瓶的卧倒时间加长，酒液就会接触到黏结剂，使酒液变得混浊，也会影响酒的品质，发生变质，不能长期保持葡萄酒的品质。大量学者认为质量好的复合塞可以保证葡萄酒贮存三四年，其价格在天然塞与聚合塞之间。

图 3-12 贴片塞

（4）加顶塞

加顶塞是用天然软木或聚合软木做塞体，用木材、塑料、金属、玻璃、陶瓷等做顶制成的塞子（图 3-13）。

图 3-13 加顶塞

2. 压塞

打塞机的工作分两步完成。第一步是压塞管将木塞压缩，使其直径小于瓶颈的内径，然后压塞头的垂直活塞将压缩后的木塞突然压入瓶颈。为了防止木塞破损、打褶，木塞在压塞管中的受力必须均匀一致。此外，木塞的上端应与酒瓶的上端保持一致。

3.9　杀菌

山葡萄酒装瓶后需进行杀菌处理，一般多采用巴氏杀菌法，经过巴氏杀菌作用的葡萄酒，稳定性大大提高。杀菌机分为简易的和连续自动的。简易的杀菌机是一个木桶或铁槽子，在下部装有假底，底下为加热蒸汽管。连续自动的杀菌机较新型的为喷淋式杀菌机。

杀菌温度应缓慢升降，由低到高，升至杀菌温度时保持一定时间，然后逐渐降温。升温至瓶中心温度达到 65~68℃，保持 30 min 即可。玻璃是不良导体，传热很慢，当水浴温度达 65℃时，瓶内品温相差 10℃左右，因此，利用简易杀菌槽时，应用一盛满水的酒瓶，插上温度计，以确定品温是否达到杀菌温度。整个杀菌过程中温度的控制很重要。过低达不到杀菌要求，过高会产生焦糖味或使葡萄酒过氧化，还易增加酒瓶破损率。对于没有杀菌设备的厂家，需要在配酒时加入一定量的防腐剂，如二氧化硫、苯甲酸钠、山梨酸钾等，这类酒必须在短时间内饮用。

3.10　贴标、包装

3.10.1　贴标

贴标时首先要注意各种酒标在瓶子上的位置，达到整齐、清洁、牢固的要求。现在使用的标签多为不干胶，贴标比较简单。贴标机分为直线式贴标机和回转式贴标机。贴标机根据工艺要求领取对应的正标、背标、颈标，并安装到相对应的标签工作站，调整工作站的高度和角度。可以通过试贴标以保证正、背、颈标的标准误差不大于 1 mm，同时保证标签与酒瓶完全贴合，没有褶皱。

3.10.2　装箱

根据所用酒箱，以确定装箱方法。

葡萄酒一般多用纸板酒箱。装箱时，可在瓶外包一层包装纸，以保护瓶面与商标整洁。用瓦楞纸将纸箱隔成瓶子大小的空间。将瓶严密地嵌在空间内，上下均用瓦楞纸垫严。这是一种轻便实用的包装，一般可装 6 瓶或 12 瓶。当然，有时为了提高产品档次或长途运输的需要，也可采用木箱封装。

装箱是葡萄酒厂使用人工最多的工序，加以手工操作，一般需用工厂劳动力的一半左右，为了节省劳动力和提高生产效率，目前这一工序都在向机械化、自动化发展。

3.11 二氧化硫的替代和清除研究

SO_2 因其良好的广谱抗菌性，在葡萄酒生产中被广泛使用，而且传统认为 SO_2 还具有突出的抗氧化作用，能够防止葡萄酒的氧化变质。但近年的研究表明，SO_2 在果酒中的抗氧化性占果酒总抗氧化性的比例很小。薄慧杰等人研究了 SO_2、非酚类和酚类抗氧化物质在果酒中的抗氧化能力。结果表明，在白色果酒中，白葡萄酒、水蜜桃酒和宣木瓜酒中 SO_2 的抗氧化性分别占总体抗氧化性的 9%、6%和 8%；在红色果酒中，蓝莓酒、杨梅酒和火龙果酒中 SO_2 的抗氧化性分别占总体抗氧化性的 19%、15%和 11%。关于 SO_2 在红葡萄酒中作为抗氧化剂的多项研究表明：在规定添加量的前提下，SO_2 在红葡萄酒中不能表现出抗氧化性，而酒中原有的成分特别是酚类物质比 SO_2 吸收及消耗氧更快。

SO_2 对葡萄酒的生产造成较多的负面作用，如降低酵母产酒力、削弱葡萄酒香气、不利于葡萄酒的老熟、产生“硫味”等。同时，SO_2 的存在也会危害人体的健康，尤其是对亚硫酸盐不耐受或高度敏感的人群，会表现出如过敏、哮喘、呼吸困难、皮疹和胃痛等症状。因此，近年来许多研究者开始寻找 SO_2 的替代品或通过创新酿酒技术，以减少 SO_2 的使用量或完全弃用 SO_2。

3.11.1 SO_2 替代品的研究

1. 二甲基二碳酸盐

二甲基二碳酸盐（DMDC）在葡萄酒行业作为 SO_2 的一种替代产品，已获得欧盟和美国的许可。DMDC 的抑菌机制主要是通过对乙醇脱氢酶和 3-磷酸甘油醛脱氢酶等一些酶的活性抑制而发挥作用，并且其抑菌效果受到温度、pH、乙醇浓度、微生物的种类与菌数等因素的影响。由于 DMDC 只对酵母菌具有抑菌作用，而对细菌的抑菌效果差，同时 DMDC 也不具有抗氧化作用，因此，DMDC 在葡萄酒中不可能完全替代 SO_2。

2. 细菌素

细菌素是某些乳酸菌生产的一些对其他细菌有抑制作用的小分子肽类物质，如乳酸链球菌素、片球菌素、植物乳酸菌素等。目前，乳酸链球菌素是唯一获得商业化生产的细菌素，其对许多葡萄酒腐败细菌具有抑制作用。与 DMDC 一样，乳酸链球菌素也不具备抗氧化作用。尽管乳酸链球菌素能够抑制一些葡萄酒腐败微生物，但是到目前为止，其在葡萄酒中的应用仍未获得许可。

3. 溶菌酶

溶菌酶是由蛋清为原料提取的一种对革兰氏阳性细菌有较强抑制作用而对革兰氏阴性细菌抑制作用较弱的酶，由于该酶的活性最适 pH 为 2.8~4.2，因此，其在葡萄酒中的应用获得了广泛的关注。有研究表明，溶菌酶在白葡萄酒中的作用效果要好于在红葡萄酒中，主要是因为酚类物质能够与溶菌酶结合形成沉淀，影响了溶菌酶的作用效果。在贮存 6 个月的白葡萄酒中，溶菌酶仍保持 75%~80%的活性，而在红葡萄酒中 2 d 后则几乎检测不到溶菌酶的活性。研究也表明，溶菌酶对葡萄酒的香味、低挥发性酸类物质等没有影响，但其能降低红葡萄酒的色泽，也能引起白葡萄酒的沉淀问题。尽管溶菌酶在葡萄酒中具有一定的抑菌效果，但是其使用成本过高的问题，限制了溶菌酶在葡萄酒行业的应用。

4. 洋葱

洋葱种植广泛，不仅含有蛋白质、碳水化合物、粗纤维、脂肪、维生素等植物营养素，还含有有机硫化物（如亚磺酸酯、蒜素类化合物）、甾体皂苷类、黄酮类、苯丙素酚类等化合物和前列腺素等活性组分。这些成分使洋葱具有降低血栓、血糖和血脂，稳定血压，抑菌，消炎，抗氧化以及抑制癌细胞等作用，其中的多酚、粗多糖、类黄酮化合物、含硫化合物（如亚磺酸酯、蒜素类化合物）能有效抑制革兰氏阳性菌和革兰氏阴性菌，对酿酒酵母、白假丝酵母、新生隐球菌、黑曲霉、黄曲霉、红曲霉和青霉等真菌有较强抑制作用，最低抑菌浓度为 0.25%~0.5%。洋葱含有的花青素、类黄酮、酚类化合物、槲皮素和多糖具有抗氧化能力。袁梦等人的研究显示，葡萄酒发酵过程中添加洋葱汁可抑制内源微生物的早期生长。虽然添加洋葱汁会使发酵初期具有辛辣刺激味，但随着发酵的进行，洋葱的刺激味逐渐减弱，发酵结束后，葡萄酒的洋葱味十分微弱，而且表现出比添加 SO_2 更圆润的口感。所以，在葡萄酒酿造过程中，洋葱汁有可能取代或部分取代 SO_2。

5. 葡萄提取物

有研究显示，从葡萄皮、葡萄籽、葡萄梗以及葡萄藤枝条中获得的提取物对致病菌具有抗菌活性，同时，由于这些提取物富含多酚，增强了葡萄酒的抗氧化性。从感官的角度来看，葡萄酒质量不会因为添加提取物而受到影响。这些研究强调，从葡萄酒副产品、茎和皮中获得的酚类化合物可以用来替代或减少葡萄酒生产中 SO_2 的使用，从而获得更健康的葡萄酒，并保证葡萄酒的微生物稳定性和保护它们不被氧化。此外，这些副产品的使用将有助于减少葡萄酒业对环境的影响。

3.11.2 葡萄酒中 SO_2 的清除技术

葡萄酒中 SO_2 的清除技术包括过氧化氢法、离子交换法、膜法和酶法，但这些方法都有各自的局限性。过氧化氢被用来除去葡萄酒中的 SO_2，也会氧化葡萄酒中的其他一些风味物质，从而造成葡萄酒的质量缺陷。用离子交换技术和含固定氧化剂的膜都能使葡萄酒中的亚硫酸盐降到 10 mg/kg 以下，但是由于其作用机制的非选择性，结果会造成葡萄酒中一些成分的损失，从而影响葡萄酒的质量。利用酶法去除葡萄酒中的 SO_2 在 pH 8.5 时效果最好，而葡萄酒的 pH 通常在 2.5~4.5。

3.11.3 物理杀菌

研究人员对脉冲电场、超声波、紫外线辐射、高压等技术在无硫葡萄酒的生产方面进行了研究，取得了一些研究成果。研究发现，利用超声波和脉冲电场代替 SO_2 处理葡萄酒，可以增加红葡萄酒中的酚类化合物含量，加速葡萄酒的老化时间。利用紫外线处理白葡萄酒的杀菌效果要优于红葡萄酒。利用 200 MPa 的高压处理葡萄酒，能够显著减少有害微生物的数量，并且对葡萄酒感官质量的影响甚微。目前这些技术在葡萄酒中代替 SO_2 的应用仍处于试验阶段，其对葡萄酒质量的影响还未有定论，仍需要进行大量的研究工作。

3.11.4 人工接种

葡萄酒发酵过程中微生物间相互作用的研究显示，在发酵前期，当酿酒酵母处于生长优势时，会对其他非酿酒酵母、细菌、霉菌等杂菌产生抑制作用（详见第 13 章）。此外，非酿酒酵母在发酵过程中产生的一些代谢产物会对葡萄酒最终的风味产生极大的影响。一些非酿酒酵母可以生成更多的酯类、甘油、高级醇等具有提高香气复杂性、降低酒精度以及丰富口感作用的代谢产物。因此，有研究采用酿酒酵母与非酿酒酵母作为共发酵剂接种，以发挥它们的积极作用，降低发酵停滞或发酵变质的风险。

第 4 章　山葡萄酒成分及其来源

山葡萄酒所含的物质很多，有的是果汁中固有的成分，有的是发酵及陈酿中的产物，有的是在酿造过程中外加的。这些物质使酒具有特殊香味和丰富的营养。山葡萄酒的成品标准只规定了几种成分（如酒精、总糖、总酸、单宁、干浸出物等）作为检查指标，但作为一个山葡萄酒的酿造者，对其他成分也应有所了解，以便于掌握操作，不断提高产品质量。

4.1　乙醇

山葡萄酒中乙醇的含量一般为 10%~15%（*V/V*）。葡萄酒中乙醇的含量用酒精度表示，即在 20℃的条件下，100 L 葡萄酒中所含有的纯酒精的升数。酒精度对山葡萄酒的质量、贮藏和商品价值都有很大的影响。当然，酒精度并不是山葡萄酒的唯一质量因素。在甜型山葡萄酒（包括半甜、甜和利口葡萄酒）中，酒精度-糖-酸的平衡对酒的质量起着重要作用。

4.2　高级醇

在酒精发酵过程中，除了生成乙醇外，还会产生高级醇，如丙醇、异丙醇、异戊醇、异丁醇、异丁基乙二醇等。这些高级醇类大部分是在发酵末期生成的。上述高级醇不是由糖转化而来，而是由氨基酸转变成的，酵母通过代谢氨基酸生成氨、二氧化碳及高级醇类。在有糖存在的情况下，酵母生长旺盛，氮代谢越完整，高级醇越多。在后发酵时期，由于酵母停止增殖，这种情况下高级醇的产量不多，仅有微量的丙醇、异丙醇、异丁醇、戊醇、异戊醇等。

4.3　甘油

甘油的学名为丙三醇，是酵母进行酒精发酵过程中单糖代谢的产物。葡萄醪中甘油的含量依据酵母种类和发酵的环境条件而变化。其化学反应式如下：

$$7C_6H_{12}O_6+6H_2O \rightarrow 12CH_2OH—CHOH—CH_2OH+6CO_2$$

山葡萄汁发酵产生的甘油能促进葡萄酒产生醇厚的风味。山葡萄原酒中的甘油含量为 0.3%~0.5%，成品酒中含 0.14%~0.2%。

4.4 甲醇

山葡萄汁中含有果胶，经水解及发酵而产生甲醇。这种对葡萄酒有害的单元醇，在贮藏过程中极易氧化或脱氢而生成甲醛。在贮存半年以内的新酒中，有时会检出有微量存在，在酒龄较长的陈酒中，不易检出。

4.5 醛类

乙醛是酿酒过程中产生的一种最重要的羰基类风味化合物之一，它构成了葡萄酒中醛类化合物总含量的 90%。葡萄酒中低含量的乙醛具有一种愉快的水果香气，但浓度较高时，会产生一种青草或类似青苹果的异味。乙醛在葡萄酒中的风味阈值为 100~125 mg/L。

乙醛是酵母酒精发酵的一种副产物，其合成能力因酵母菌种的不同而不同。还原糖是乙醛形成的主要前驱物质，但丙氨酸等氨基酸的代谢也能合成乙醛。此外乙醛还可通过片式酵母对乙醇的氧化而产生。乙醛主要是在酵母的生长阶段被分泌于胞外且能进行再代谢。酵母形成乙醛的过程受温度、发酵液中的含氧量及 SO_2 的添加量等因素的影响。厌氧、低 pH 值或高的还原糖浓度都可以明显地提高酵母的乙醛生成量。

除了酵母菌，来自葡萄和酿酒设备的乙酸菌也能产生乙醛，乙酸菌氧化乙醇生成乙醛和乙酸。此外，研究发现由乙醇直接氧化产生乙醛的反应并不明显，乙醇的氧化往往伴随着一系列特定酚类化合物的自动氧化。这是由于酚类物质的氧化而产生一种强氧化剂 H_2O_2，能够氧化乙醇生成乙醛。

乙醛含量的高低对葡萄酒色度有重要影响。新酿造的葡萄酒的颜色主要取决于高含量的花青素，而在随后的葡萄酒在贮存过程中的颜色变化是由于葡萄酒中酚类物质的缩合而产生的。没有乙醛时，花青素和儿茶酚或单宁的直接缩合非常缓慢。而在乙醛存在的情况下，花青素能够和儿茶酚或单宁迅速聚合，同时可以增加酒的色度和稳定性，但是如果它与聚合儿茶酚和单宁继续反应就会降低酒的稳定性，造成沉淀，降低酒的色度。乙醛的存在能使葡萄酒颜色稳定性加强，是由于在乙醛存在的情况下形成的花青素—儿茶酚和花青素—单宁聚合物可抵制 SO_2 的脱色作用。此外，由于乙醛能够和 SO_2 形成聚合物，能够对葡萄酒的颜色稳定性施加间接影响。

乙醛对微生物的生长既有促进作用也会产生抑制作用，主要取决于其浓度的大小。有研究认为，酒精发酵中乙醇对酵母生长抑制的关键机制之一就是乙醛的积累(胞内的和胞外的)。还有一些现象表明，低水平的乙醛无论是在厌氧的或是在好氧的状况下，都能够刺激酵母生长，缩短酵母的滞后期。

4.6　有机酸

山葡萄酒中的有机酸，分为固定酸和挥发酸两种。固定酸主要是从葡萄汁中带来的，含量在 0.45%~0.55%之间，包括酒石酸、苹果酸、柠檬酸、琥珀酸、乳酸等。其中以酒石酸为主，正常葡萄酒含量在 0.2%~0.3%之间。发酵过程中，酒石酸一部分以酒石酸钾沉淀析出，一部分被乳酸菌降解为乳酸和乙酸，含量降低。苹果酸一部分参与酒精发酵而被降解，一部分因苹果酸—乳酸发酵途径而减少。葡萄酒中的柠檬酸和草酸含量极少，两者为 30~300 μg/mL。柠檬酸代谢后产生双乙酰，可丰富葡萄酒的风味。有研究发现，柠檬酸由于发酵前期的生成速率大于降解速率，含量升高，随后在苹果酸—乳酸发酵中被分解而逐渐降低。还有研究发现，在发酵过程中，降低乙醇含量和增大葡萄糖浓度均可增加柠檬酸的代谢量。

酒精发酵过程中，会生成多种有机酸。其中，琥珀酸为正常副产物之一，它是由糖转变而来。琥珀酸的另一来源，是由酵母细胞的含氮物在水解酶作用下生成谷氨酸，又转变为琥珀醛，再被氧化而成为琥珀酸。琥珀酸具有改善葡萄酒风味的作用。它的风味很重，同其他有机酸结合起来，葡萄酒的风味才显得很协调。在葡萄酒中琥珀酸的含量应在 0.06~0.12 g/L 之间。

山葡萄酒中还含有乳酸，可由苹果酸—乳酸发酵产生，也可因发酵期间细菌的侵入而产生。在空气中有大量乳酸菌存在，它可以消耗糖、甘油和有机酸等，进行乳酸发酵。山葡萄汁进行低温发酵，乳酸菌不易大量繁殖。在葡萄汁中侵入的毛霉及根霉也能产生少量的乳酸。葡萄酒中含有少量的乳酸是有益的，能使口味浓厚柔和。山葡萄酒中乳酸含量在 0.1~0.2 g/100 mL 之间。

山葡萄酒中的挥发酸以乙酸为主，在正常情况下，乙酸的生成有下列几种来源：乙酰胺的水解、甘氨酸的脱氨、乙醛氧化、乙醇氧化。此外，酵母在进行酒精发酵时也会产生少量乙酸。在正常葡萄酒中乙酸含量在 0.05~0.08 g/100 mL 之间，超过 0.15 g/100 mL 说明酒已生病。葡萄酒中存在少量乙酸是有益的，它同酒精反应生成乙酸乙酯，使酒产生香味，并能使酒味爽口。但如果乙酸含量过多，特别是乙酸菌侵入而产生的乙酸，则会使酒具有醋味和尖酸味。

葡萄酒中还存在微量的丁酸、丙酸、戊酸等，这可能是丁酸菌侵入进行丁酸发酵而产生的。丁酸发酵能生成乙酸、丙酸、丁酸、异丁酸、戊酸、异戊酸、己酸、庚酸 8 种有机酸。

发酵中温度、糖含量、微生物等发酵条件会影响有机酸的转化。研究发现有机酸总量会随酿造温度升高而增加，而较低的发酵温度有利于控制乙酸的生成，发酵温度 30℃时乳酸含量明显高于 20℃时，苹果酸含量相差不大；乙酸生成量与葡萄汁中的初始糖含量成正比，但葡萄汁初始糖含量过高，会使发酵周期延长，溶液渗透压增大，导致酵母菌代谢异常，乙酸生成量增加，严重影响葡萄酒的口感与风味。此外，存在于葡萄浆果表面及酿酒环境中的非酿酒酵母也会参与葡萄酒中风味的形成，改变葡萄酒中有机酸的种类，如星形假丝酵母能产生琥珀酸，可增加葡萄酒的苦味和酸味。

4.7 芳香物质

葡萄酒的香气成分极为复杂多样，已鉴定出 800 多种，其种类和浓度差异使葡萄酒的风味各有千秋。研究香气化合物产生途径及不同酒体间的风味差异产生的原因对葡萄酒加工环节的修正及优化有积极的引导作用，同时对采用新的生物技术手段构建葡萄酒的整体风格也有重要的指导意义。

葡萄酒有 3 类香气，第一类香气为来自原料本身的键合态和非键合态化合物，这类化合物往往为葡萄果实的次生代谢产物，非酿造过程产生，通常被认定为原料的特征果香，形成葡萄酒的特征性风味化合物；第二类香气是葡萄酒主要的风味化合物，在酒精发酵与苹果酸—乳酸发酵阶段产生；第三类香气产生于陈酿过程，此时葡萄酒各化学成分之间相互协调，主要发生氧化反应、酯化反应、聚合反应等，同时用于贮存葡萄酒的不同材料木桶的香味传递于酒体，达到丰富风味的目的。

4.7.1 发酵前阶段

葡萄中的果香化合物主要有萜类化合物和 C_{13} 降异戊二烯类化合物，它们是葡萄的次生代谢产物，在葡萄皮中含量丰富，且具有很低的感官阈值，不被酵母所代谢，在酿酒过程中转移至酒体，如芳樟醇、橙花醇、香茅醇和 β-大马酮等广泛存在于葡萄酒中。不少葡萄酒中特有的萜类和 C_{13} 降异戊二烯类化合物可为一定种类范围内的葡萄酒的甄别提供重要依据。除了各原料中的特异性风味成分的差异外，一些普遍存在于原料中的成分，其浓度随品种不同也有很大差异，因而产生了风味各异的葡萄酒。葡萄酒的命名通常冠以其原料品种名，这充分体现了原料对葡萄酒特征性风味的重要贡献。

与此同时，这两类化合物也可存在于糖基化的无香气的键合态前体中，在酒精发酵过程中通过酶解释放，如一些苯乙基或它们的衍生物从糖苷香气前体物质中释放出来，或通过原质体中莽草酸途径形成，如 4-乙基苯酚、愈创木酚、丁香酚等，因此，这些化合物也被列为非发酵芳香化合物。

4.7.2　发酵阶段

1. 高级脂肪醇、芳香醇及二元醇

乙醇是通过酒精发酵产生的，在葡萄酒香气的呈现中起重要作用。除乙醇外，还有高级脂肪醇、芳香醇及二元醇，依其种类和浓度的不同，使葡萄酒呈现不同的整体风味。葡萄酒中的高级醇通过酵母酒精发酵途径或由相应氨基酸的降解代谢途径生成，作为次级代谢产物释放到酒体中，浓度通常为 400~500 mg/L。低于 300 mg/L 时，有助于提高葡萄酒香气的复杂度，但高于 500 mg/L 时，除 2-苯乙醇外，对葡萄酒的质量可能有消极作用。己醇由己醛还原而产生，并赋予酒体草本属性，使葡萄酒具有“植物性”和“草本”的细微差别，当它的浓度高于其气味阈值时，通常对葡萄酒的品质有负面影响。异戊醇、苯乙醇分别由亮氨酸（和异亮氨酸）、缬氨酸与苯丙氨酸的降解生成，或由丙酮酸进入氨基酸生物合成途径后形成 α-酮酸中间体，再由相应的酶催化后形成。其中，异戊醇可提供持久的青草、植物香气。2,3-丁二醇的氧化产物 3-羟基丁酮和丁二酮可作为食用香精食用，其中，2,3-丁二醇也作为我国白酒添加剂以达到改善风味的目的。

2. 羰基化合物

羰基化合物（醛和酮）可由两种途径形成：不饱和脂肪酸的降解和氨基酸在氧存在条件下的部分降解，此外，酮也可以通过真菌对脂质或氨基酸的酶作用产生。在葡萄酒中普遍存在的乙醛有类似坚果或干果的香味；壬醛在中等水平表现出强烈的脂肪-花香气味；癸醛赋予酒体茶叶香味，使人产生爽快的感觉。

3. 脂肪酸

脂肪酸是形成酯、醇和醛的前体物质。同时可防止相应酯的水解，它们对于葡萄酒的芳香平衡是非常重要的。表现出强烈酸味的短链脂肪酸，会掩盖葡萄酒中的其他香气。适宜浓度的脂肪酸可使酒体展现最佳风味。如乙酸是葡萄酒中的主要脂肪酸，由酒精发酵和苹果酸—乳酸发酵过程中的乙醇氧化反应产生。辛酸在脂肪酸合成酶的作用下产生，低浓度时散发出类似奶酪和奶油的风味，在高浓度时具有腐败味和刺激味，这些酸类物质对葡萄酒的整体风味结构具有较重要作用。

4. 酯

酯主要通过醇与有机酸的酯化形成。此外，发酵过程中酵母和其他微生物的存在也会导致酯类的产生，主要有乙酸酯和中链脂肪酸酯两大类。它们大多数都具有典型果香，赋予酒体果香气息。其中乙酸酯类化合物的酰基衍生自乙酸（以乙酰辅酶 A 的形式），醇基团是乙醇或复合醇。在酒精发酵过程中，它们是由不同的醇乙酰转移酶合成。乙酸异丁酯由异丁醇与乙酸酯化生成，赋予酒体果香或花香味。乙酸异戊酯具有类似于香蕉和梨的香气。中链脂肪酸酯是由中链脂肪酸与乙醇形成的。在酿酒酵母发酵过程中，乙酯的形成归因于酰基 CoA：乙醇 O-酰基转移酶。其中，普遍存在于葡萄酒中的乳酸乙酯有较强的酒香气味，但浓度太高会掩盖葡萄酒新鲜的果香气味。琥珀酸二乙酯有浓郁的水果香，葡萄酒中乳酸乙酯和琥珀酸二乙酯挥发性较低，且感官阈值都相对较高，虽广泛存在，但对酒体整体香气贡献不大，而丙酸乙酯、丁酸乙酯、戊酸乙酯、己酸乙酯、辛酸乙酯、癸酸乙酯、异丁酸乙酯、异戊酸乙酯等化合物大多具有较低的阈值，主要是在酒精发酵的第一阶段生成，并赋予酒体绿色苹果、梨和菠萝的芳香。乙酸乙酯的香气在新生产的葡萄酒中最为突出，有助于葡萄酒中果味的总体感知，对葡萄酒的整体贡献较大。

4.7.3 陈酿阶段

葡萄酒在陈酿过程中，所用容器中的香气物质迁移至酒中；封闭环境下氧气总含量（酒所溶解的氧和液面空间上的氧）与醇、醛等化合物发生氧化作用；各化学组分的动态平衡反应，最终使葡萄酒趋于稳定。

橡木桶用于葡萄酒的陈酿由来已久，其化学组成和结构特征影响着陈酿阶段的物理、化学和生物进程。在陈酿过程中，来自橡木本身的香气成分转移至酒体，这类化合物中最为重要的是鞣花单宁，一般占木材芯干重的 10%左右，它们进入酒体后通过缩合、水解和氧化反应缓慢而连续地生成乙基衍生物及黄烷—鞣花单宁等化合物，此外橡木中的多糖、半纤维素和纤维素的降解所产生的 γ-丁内酯、威士忌内酯、丁香酚、愈创木酚和呋喃甲醛、内酯及小分子挥发性物质转移至酒体，这些物质间的协同作用为葡萄酒增添了橡木香气。

透氧率作为橡木桶的结构特征影响着葡萄酒中因氧化存在的两类香气变化：氧敏感芳香化合物的氧化（如硫醇）和新的芳香化合物氧化生成（如乙醛、苯乙醛、2-甲基丙醛等）。3-巯基乙醇通常是葡萄酒含量最丰富的多官能团硫醇，具有热带水果香气，在贮藏一年左右时发生氧化，含量急剧下降。乙醇在葡萄酒中经氧化形成乙醛，进一步与单宁或花青素结合形成乙基键合物，氧化过程使酒体的水果和发酵香味消减，氧化香味增强。葡萄酒氧化过程不仅局限于在橡木桶中贮存的阶段，大多数研究表明，瓶贮过程中木塞的选择对葡萄酒发酵后阶段的氧化香气也有深远影响。

陈酿过程中，糖苷的酸水解可以增加酒体中萜烯的成分，赋予葡萄酒更多独特的果香，这个过程所释放的去甲基异戊二烯类、单萜类和倍半萜类化合物是酒体烟草香和香料香气的主要贡献者。发酵阶段酒体所含有的酯类物质将在陈酿阶段经历酯化—水解的动态平衡过程，乙酸酯通常比脂肪酸乙酯水解速度更快，支链脂肪酸乙酯相较于直链脂肪酸乙酯（己酸乙酯等），由于其较弱的挥发性在酒中含量相对增多，长链脂肪酸乙酯的含量总体呈增加水平，酒石酸与乙醇之间的酯化使酒石酸乙酯含量上升。此外，外界条件如时间和温度等也影响着葡萄酒香气成分的动态平衡。

4.8　单宁和色素

山葡萄单宁多和色素浓是其特点之一。在发酵时，单宁和色素大部分溶解于酒内，随着贮存时间延长，一部分被氧化而沉降。在成品中尚含有单宁 0.02～0.06 g/100 mL，过多酒呈涩味，过少则口味平淡。所以说单宁适量有促进葡萄酒质量提高的作用。色素是指不含单宁的多酚类，给酒以美好的色泽，又能使酒增香和具有浓厚的滋味。

在葡萄酒的成熟过程中，单宁与蛋白质、多糖、花色素苷聚合。由单宁与花色素苷聚合而形成的聚合物，颜色稳定，不随葡萄酒 pH 或氧化—还原电位的变化而变化。

花色素苷除与单宁聚合外，还可与酒石酸形成复合物，从而导致酒石酸的沉淀。此外，花色素苷与蛋白质、多糖聚合，形成复合胶体，也导致在贮藏容器或在瓶内的色素沉淀。

4.9　含氮物

山葡萄汁中所含的氮，在发酵时大部分被酵母消耗。当发酵结束，酵母自溶，又使原酒增加了含氮量，所以在山葡萄酒中的总氮含量在 0.005～0.02 g/100 mL 之间。

山葡萄酒中的氨基酸含量是丰富的，在成品酒中有 10～18 mg/L，原酒中有 5～6 mg/L。酵母细胞中含蛋白质 40%左右，当酵母自溶以后，蛋白质被水解而产生氨基酸，特别是在较高温度下水解率显著提高。所以经过加热杀菌后的成品酒比原酒的氨基酸含量多，原因就在这里。氨基酸存在于酒中，使酒味浓厚，余味较长，但含量过多易使山葡萄酒过氧化。

4.10 其他成分

4.10.1 维生素

葡萄汁中含有丰富的维生素，在酿造过程中还会产生维生素，酵母体内也能带来维生素。在加工过程中虽被破坏一部分，但在酒中仍含有很多种。如维生素 B_1、B_2、B_6、B_{12}、维生素 C、烟酰胺等。

4.10.2 矿物质

山葡萄酒中的无机物，是从果汁中和加工过程中带来的。山葡萄酒中的灰分平均含量一般在 1.0～1.5 g/L 之间，其中无机成分包括钾、钠、钙、镁、铁、铝、铜、磷、硅、氯等。

4.10.3 果胶

山葡萄汁虽然含有大量果胶质，但在发酵过程中一部分被果胶酶分解，一部分在澄清中被除去，一部分在贮藏期由于原酒的酒精度提高，成为不溶物而沉降。所以山葡萄酒中的果胶质含量很低，仅有痕量。

第5章 红山葡萄酒生产工艺

目前，我国已选育出8个山葡萄品种及一些优良品系，它们包括双红、双优、双丰、双庆、左山1、左山2、北国蓝、北冰红、左优红、雪兰红、左红1、北醇、北玫、北红、公酿1号、华葡1号、公主白。除公主白外，山葡萄都适合酿造红葡萄酒。同时，因山葡萄普遍具有酸高糖低的特点，尤其适合酿造甜型红葡萄酒。本章在第4章基本工艺的基础上，重点介绍红山葡萄酒酿造的工艺技术及其原理。

5.1 工艺流程

山葡萄酒酿造的工艺流程见图5-1。

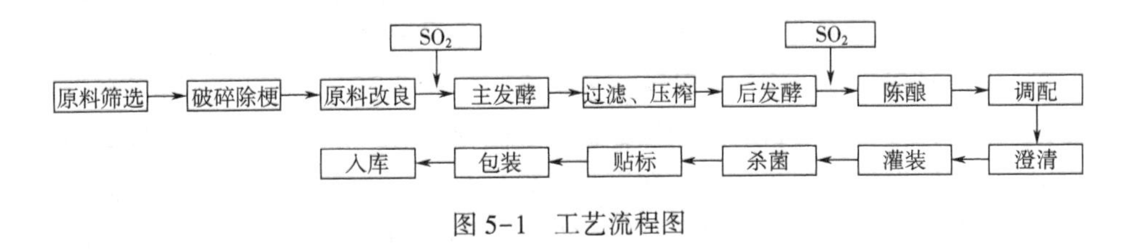

图5-1 工艺流程图

5.2 葡萄汁成分的调整

山葡萄的糖度低，酸度高，在发酵之前，需要对葡萄汁成分进行调整，主要是加入砂糖以提高其糖度，保证在发酵结束后获得所需的酒精度。提高糖度的方法主要是在葡萄汁内直接加入白砂糖，或加入糖浆。直接加入白砂糖的方法比较优良，主要表现在得到的葡萄酒口味醇厚，芳香适口。

从理论上讲，加入17 g/L蔗糖可使酒精度提高1%（*V/V*），但在实践中加入的糖量应稍大于17 g/L，一般在17~20 g/L之间。

例如，利用潜在酒精度为9.5%（*V/V*）的5000 L葡萄汁生产酒精度为12%（*V/V*）的葡萄酒，其蔗糖的添加量为：

12%-9.5%=2.5%（需要增加的酒度）

2.5×17.0 g/L×5000 L=212.5 kg（需要添加的蔗糖量）

添糖的时间最好在发酵刚开始的时候，并且一次加完。因为这时酵母菌正处于繁殖阶段，能很快将糖转化为酒精。如果加糖时间太晚，酵母所需其他营养物质已部分消耗，发酵能力降低，常常发酵不彻底。加糖时，可以将白砂糖直接投入发酵罐中，也可先将白砂糖溶解在部分葡萄汁中，然后加入发酵罐中。添加白砂糖以后，必须倒一次罐，以使所加入的糖均匀地分布在发酵汁中。

5.3 浸渍发酵

发酵液的总量不能超过容器总容量的五分之四，否则会妨碍发酵及压帽等操作的进行。在酿造红葡萄酒的发酵的过程中，皮渣混合发酵的主要目的是浸提葡萄皮中的色素，改善葡萄酒的颜色。但是，在发酵过程中会产生一定的二氧化碳，这些气体会推动葡萄皮渣慢慢地浮到发酵液上面，形成了一个厚厚的帽子——酒帽，这样浸渍就无法顺利地进行，同时容易引起害菌，尤其是霉菌的污染。为了使发酵顺利进行，常采用压帽和倒汁两种方法让酒液与悬浮的果皮充分接触，从而萃取出更多的单宁、色素和风味物质。压帽就是通过人工或者借助机器操作将酒帽往下压进酒液中。倒汁是指将发酵罐底部的液体抽出来，然后喷洒到酒帽上，将酒帽压到液体底下。此外，当发酵进行时，如果葡萄汁的温度高低不匀，会对正常发酵有一定的影响。由于容器底部缺乏氧气，在底部的酵母会变得懒惰而不活泼，很容易使发酵不完全。压帽或倒汁可以使上下温度均匀，同时酵母接触空气后，变懒惰为活泼，可以保证发酵正常进行。压帽或倒汁在入罐后第二天就可以开始，每天 1~2 次，倒汁量为全葡萄汁量的 15%~20%。

5.4 出罐和压榨

主发酵结束后，将葡萄醪倒入另一发酵罐中，进行后续操作。皮渣进行压榨得压榨汁。压榨汁可与葡萄醪混合也可单独装罐用于白兰地的生产。压榨后所得皮渣可添糖、加水进行二次发酵，用于生产白兰地。

5.5 配制

山葡萄原酒经过贮存以后，已成熟老化具有陈酒风味。在装瓶出厂前，首先要进行调配。任何好酒，都需经过调配勾兑，才能风味优良，质量稳定，符合标准的要求。配酒是一项细致的技术工作，首先，要具有感官检验的丰富经验，才能对原酒和成品提出确切的评论，如果优劣不分，就无法配出好酒。其次，要善于掌握基础酒的质量来确定配比，才能配制出醇和、芳香、爽口的山葡萄酒。

5.5.1　山葡萄酒的感官鉴别

葡萄酒的感官鉴定是重要的检验工作，除了分析其主要成分外，就是靠外观、品尝来确定其品质。特别是酒的典型性和风味，任何分析仪器都确定不了。人的嗅觉和味觉是比较灵敏的，相差万分之几的含量也能尝出来，而且能得出综合性的结论，所以在酿造过程中以及确定产品质量时，感官鉴别是不可缺少的。

要具备感官鉴别葡萄酒质量的能力，需要经过长期的研究和实践，除此以外还要有健康的身体和正常的情绪。生病、失眠、过度疲劳、精神不振，甚至带有偏见，都不能对品尝的样品作出正确的评价。

感官鉴别就是看、嗅、尝。在品酒时，嗅觉和味觉都不能受到干扰。吃喝酸、甜、苦、辣、咸，嗅闻香、腥、臭、霉、烟，都易使感觉器官失灵，所以在品酒时应不吸烟，不吃味浓的东西，并用温开水漱口，使口腔清洁，才能保持敏锐的感觉，正确区别香气和滋味。

对于品酒的场所和器具，一般要求室内空气新鲜，光线充足，周围环境保持清洁卫生，室温应在 18~20℃之间，具备这样的条件，才基本上符合要求。盛酒的器皿，一般采用高足玻璃杯，要求玻璃厚薄一致，无色无花纹，便于观察色泽。

感官鉴别的内容，主要是从外观、嗅香和品尝 3 个步骤来鉴别葡萄酒的色、香、味和典型性。

1. 色泽

红山葡萄酒的色泽为宝石红或紫红色，清澈透明，无肉眼能观察到的悬浮物为正常。如色泽发乌、发暗、带有棕色，浑浊、失光、不透明等都是不正常现象。一般对色泽的检验是在酒杯中进行观察。用同标准酒样分别注入 50 mL 比色管中至刻度，在充足的光线下进行比较，观察其色泽深浅程度和有无浑浊现象。

2. 香气

山葡萄酒有从原料带来的独特的水果香。这种香气虽然随着贮藏时间延长而逐渐减退，但其香味始终同其他葡萄酒的香气是有区别的。至于山葡萄酒的酒香，是以醋酸乙酯为主体香，由果香和酒香构成了它的典型性。如香气扑鼻，果香与酒香协调，陈酒香味浓郁，入口以后还保持这种香气，余香较长，这就是具有完满的香气。果香突出，缺乏成熟酒香，这是新酒的特点。香气不足，甚至出现酸气、霉气、药气、臭气、硫化氢气、木质气等都属于不正常，这是因葡萄质量不好、原酒生病以及发酵、贮藏等管理不善所造成的。

香气的检验方法是，当观察色泽后，用手握着酒杯片刻，用体温将酒样微热，并轻轻摇晃，反复嗅其香气。

3. 滋味

葡萄酒的风味要靠细致品尝来确定。当葡萄酒进入口中之后，停留片刻，咽下50%左右，再轻微地进行呼吸，使酒气经鼻腔而出，待酒全部咽下后，注意细品其余香和余味，以便全面衡量葡萄酒的优缺点。

葡萄酒的滋味虽然是由酸、甜、涩、醇等组成，但彼此是相连的，是很和谐协调的，某种味道突出或稍有杂味都能使有经验的品酒人感觉到。

①酒精：既然是酒，当然含有酒精。但其酒精味不能明显的表现出来，要同各成分融合在一起，这就叫作醇和。不然的话具有轻微酒精味，就不能称为优良葡萄酒。

②酸度：总酸度由固定酸和挥发酸组成。它对酒的风味有明显的影响，缺酸就没有滋味，不爽口。酸度过高，就会刺激味觉，没有“优美”之感。酸味也必须同其他成分协调，特别是糖与酸要和谐，不能酸甜分家，才能称为酒体柔和。挥发酸也很重要，含量适当，能增加香气，在风味方面有清凉爽口之感。挥发酸过少就易感到酒体平淡而不柔和，过高就有醋味，甚至刺激喉头，对产品质量有很大影响。

③糖度：甜红山葡萄酒，当然含有糖，但不能尝到突出的甜味，更不能甜得发腻，这主要是糖和酸的比例要适当，同时还要很融和。如果出现糖焦味，浓甜味，就会影响酒的风味。

④单宁：葡萄酒中的单宁是涩味的来源。适当的单宁使产品具有浓厚的风味。过少会使滋味淡薄，酒体软弱；过多就有苦涩之感。

⑤浓淡：浸出物的多少，对葡萄酒的浓淡有很大影响。好的葡萄酒只有醇厚或余味很长的感觉。反之，平淡如水，没有滋味。这主要与成分的含量以及是否协调有关，如酸低、单宁少，就比较淡薄。醇、酸、甜分家，除了不适口以外，还使人感到清淡不和谐。浓淡是酒体是否优美的重要标志。好酒具有柔和、醇厚、使人愉快之感。如呈现粗糙、轻弱、凶烈、不协调等，都不是高品质的葡萄酒。

⑥怪味：葡萄酒生病或沾染其他异味，无论是嗅和尝都能感觉到，对质量就有严重的影响。

4. 典型性

各种葡萄酒都有它独特的风格，香气和滋味都有其特征。山葡萄酒和其他品种的葡萄酒就有明显的区别，这是由葡萄品种和酿造工艺所决定。如果在山葡萄酒中加入过多的家葡萄酒或其他果酒，都会影响它的典型性。

通过观察和品尝之后，根据色、香、味和典型性 4 个方面给予评分。一般情况完美无缺的给予满分。外观 10 分，香气 30 分，滋味 40 分，典型性 20 分，总分为 100 分。除此以外，还应加上评语。这样进行感官检验的葡萄酒，再结合理化分析结果考虑，就能对质量作出较正确的评定。

5.5.2　配方设计与调配

山葡萄酒的调配，不是把几种东西按一定比例配合在一起就行了，而是要细致的研究进行配方设计。这项工作的原则是既要使葡萄酒的风味优良，又要对各酒龄的各种原酒平衡使用，还要合乎规格标准以及考虑市场的要求。因此，首先要对原酒进行鉴别，以此为依据确定配比而后调合。

1. 配方设计

葡萄酒的质量和酒龄有密切关系。同酒龄的原酒质量也不一致。因此，不但每年的配方所用原酒的质量不一样，而且每季度都有所区别。在配方中有几项基本原则是不能变的，如纯汁率只能提高不能降低，酒精、糖度、酸度、单宁等含量都要符合标准。所要变化的是各种原酒的使用量。因此，在配方确定之前，首先要对原酒进行化验分析，特别是要细致地进行感官检验。对参与调配的原酒都要编号列表，以便于研究。根据化验和感官检验的结果进行分析考虑，哪几个原酒可以调配在一起，而且在配比中各占多少，才能达到既符合标准又芳香优美的要求。而且要注意不要把本季度的原酒都用完了，以防止下一季度的产品质量发生波动。

在原酒的选择中，要重视微量成分的作用。有些原酒单独品尝，难以饮咽，但少量一点配入酒中就能使产品香重味长。例如，醋味很大的酒，适量加入挥发酸较低的酒中，就能改善风味。又如酸高单宁多的酒，同缺酸无涩味的酒适当配合，就能显得浓厚味长。还要善于促使各成分之间密切结合，即酸、醇、甜之间不能失调，如出现醇、水分家，酸、甜不谐等都不能获得良好效果。通过对原酒、酒精及白兰地等的细致分析，确定几个配方，先作小型样品，经过群众性的感官鉴定评比确定一个配方再投入生产。

2. 山葡萄酒调配

山葡萄酒的调配必须在满足国标要求的基础上进行。山葡萄酒一般为甜型酒，下面重点介绍甜型酒的调配方法。

首先根据参与调配的原酒酒精度、糖度、酸度等指标及对成品酒的要求，计算原酒及辅料的用量。

例如，已知 1 号原酒酒精度为 15%（*V/V*），2 号原酒酒精度为 17%（*V/V*），糖度均为 4 g/L 以下（可忽略不计），酸度均为 16 g/L，要配成原酒含量 50%、酒精度 12%（*V/V*）、糖 100 g/L 的山葡萄酒 1000 L。已知葡萄蒸馏酒的酒精度 42%（*V/V*），要求两种原酒的用量比例为 1 号：2 号 = 3：1。计算方法如下：

原酒总用量=1000 L×50%=500 L

1 号原酒用量=500 L×3/4=375 L

2 号原酒用量=500 L×1/4=125 L

葡萄蒸馏酒用量=［1000 L×12%-（375 L×15%+125 L×17%）］/42%=101.2 L

白砂糖用量=100 g/L×1000 L=100000 g=100 kg

处理水用量=1000 L-（500 L+101.2 L+100 kg×0.625 L/kg）=336.3 L

注：式中 0.625 为每千克白砂糖所占体积（L）。

配完酒后，对其酒精度、含糖量、含酸量等进行测定，并检查外观、品尝滋味，最终达到国家标准及理想的感官指标，才可装瓶。

过去，食用酒精和柠檬酸常被用于葡萄酒的调配。但是，为了生产高质量山葡萄酒，应避免添加酒精、柠檬酸、水等外源物质，而仅使用不同原酒来进行调配，或严格控制原料和生产工艺直接生产出高品质的山葡萄酒。

5.6 二氧化碳浸渍发酵

CO_2 浸渍酿造法（称为 maceration carbonique 法或 carbonic maceration 法，简称 MC 法）是将整粒葡萄置于充满 CO_2 的密闭容器中，使葡萄细胞内发生厌氧代谢，然后进行酒精发酵和后处理的葡萄酒酿造方法，所酿制的葡萄酒具有一种不同于传统发酵酒的独特风味。其核心是果实在厌氧条件下进行的细胞内发酵作用和浸渍作用。此过程中有酒精发酵，挥发性物质的形成，蛋白质、果胶质的水解，苹果酸的转化等一系列化学反应。CO_2 浸渍发酵现象最早是由巴斯德（1872 年）观察到的。在此之后，Flanzy（1935 年）进行了系统的研究，提出了 CO_2 浸渍酿造法。但是这一酿造法直到 20 世纪 60 年代才较为广泛地应用于实践。在法国保祖利（Beaujolais）地区，CO_2 浸渍法应用很广泛，尤其是以佳美（Gamay）葡萄酿制的佳美保祖利最为出名。近年来，葡萄酒新世界越来越多的生产者在酿造普通干红葡萄酒时也开始采用该技术，以酿造果味清新、口感柔和的红葡萄酒。

目前，利用 CO_2 浸渍法生产山葡萄酒的研究很少，但是，如何利用此法酿造山葡萄酒，突出我国山葡萄的本土风格仍然值得探索。因此，以下阐述的内容不只局限于山葡萄酒的研究成果，以期拓宽山葡萄酒酿造者、产品开发者及研究者的思路。

5.6.1 CO_2 浸渍酿造法操作要点

1. 装罐

CO_2 浸渍法要求葡萄原料尽量完好无损。因此，尽量降低浆果的破损率是保证

CO_2 浸渍质量的首要条件。在葡萄的采收和运输过程中应尽量防止果实的破损和挤压，以最大限度地保证果穗和果粒的完整性。在葡萄酒厂的接收原料场地，应采用皮带输送而不能采用螺旋输送。此外，在装罐时，应尽量避免从高处往下倒。

在利用 CO_2 浸渍酿造法时一般不对原料进行除梗，但对果梗的浸渍往往会使葡萄酒带草味和一定的苦味。可利用新型破碎—除梗机，使破碎部分停止工作，只除梗而不破碎。

在装满原料以后，从浸渍罐的下部通入 CO_2 的量应为浸渍罐体积的 3~4 倍。在装罐以前，也可先加入占浸渍罐容量 10%的正在发酵的葡萄汁，以对原料进行酵母菌接种，并且通过酵母菌的活动，保证不断地在罐内产生 CO_2 气体。有的酒厂在装罐时也装入部分破碎原料。其方法是将破碎原料和整粒原料一层一层地相间加入，效果良好。但要使葡萄酒具有明显的“CO_2 浸渍”特点，破碎原料的比例应低于 15%。

2. SO_2 的使用

从很多实验结果表明，为了抑制细菌的活动，装罐时对原料进行 SO_2 处理具有良好的效果。SO_2 的使用浓度一般为 30~80 mg/L，有时也可达 100 mg/L。处理时，应一边装罐，一边加入亚硫酸。在装罐以后，有的酒厂也进行一次倒罐，以使 SO_2 与原料混合均匀，但倒罐会造成果粒的破损，而且会给基质造成通风的机会，不利于果粒的细胞内发酵。

3. 温度的控制

在 CO_2 浸渍过程中，温度上升的速度比正常酒精发酵时要慢得多，而且最终所能达到的最高温度也要低一些，这是 CO_2 浸渍酿造最大的优点。因为在气温较高的地区，降低发酵温度是一个必须解决的问题。此外，由于 CO_2 浸渍的最佳温度为 30~35℃，比传统发酵温度高一些，因此，在 CO_2 浸渍过程中的升温，并不构成危险。相反，在气温较低的地区，如果使用的浸渍容器容量很大，特别是金属容器，CO_2 浸渍的温度就可能会过低，达不到细胞内发酵的目的。如果在装罐结束后，浸渍罐基部葡萄汁的温度低于 20~22℃，就必须迅速地进行升温。此外，延长浸渍时间，也可获得与升温同样的效果。

浸渍的时间长短，主要决定于浸渍温度。浸渍温度为 20℃时，浸渍时间较长，需 15 d 左右，如果温度为 30℃，则时间较短，需 8 d 左右。具体操作中，浸渍温度和时间的设定还要由其对葡萄酒品质的影响来决定。

4. 自流汁与压榨汁

在出罐时，一部分为葡萄汁，一部分为整粒葡萄。与传统酿造方法不同的是，在 CO_2 浸渍酿造中，由整粒葡萄经压榨获得的压榨汁的质量优于自流汁。因此，在 CO_2 浸渍过程中，应尽量提高整粒葡萄的比例。

5.6.2 CO_2 浸渍过程中化学成分的变化

1. 酒精的生产

在 CO_2 浸渍过程中，浆果通过细胞内发酵可将糖转化为酒精，但产量很少，为 1.2%~2.5%（体积分数）或 0.44%~2.20%（体积分数）。细胞内发酵过程中，酒精的产生取决于温度条件。在温度较低的条件下，酒精生成的速度较慢，但总量较高（图 5-2）。

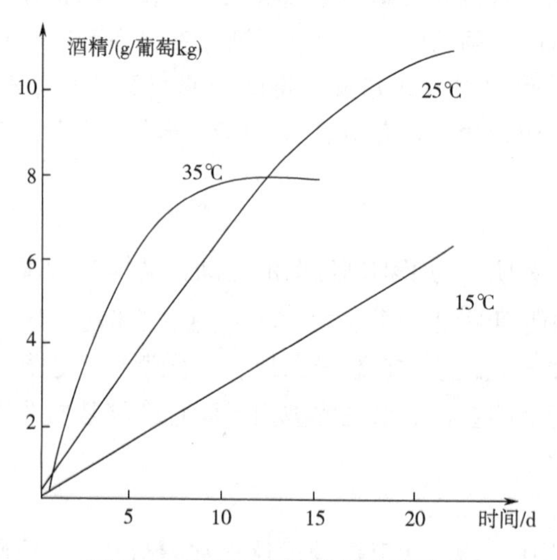

图 5-2　温度对细胞内发酵的影响

2. 总酸的变化

总酸是影响葡萄酒感官质量的重要因素之一。葡萄酒中含有多种酸，其中苹果酸、酒石酸都是葡萄酒中重要的有机酸。CO_2 浸渍能明显降低总酸，特别是苹果酸的含量，而且 CO_2 浸渍时间越长，总酸含量越低。在一定温度范围内，温度越高，总酸含量的降低幅度越大、速度越快（图 5-3）。但如果达到一定下降值，下降会逐渐趋于缓慢，直至停止。浸渍温度为 25~29℃时总酸下降较快；浸渍温度高于 30℃时，酸度变化开始减慢；浸渍温度为 31℃时，酸度降至最低，接下来无明显变化。

CO_2 浸渍过程中总酸下降的原因主要归结于苹果酸的大幅度减少。葡萄汁中能够代谢苹果酸的酶有苹果酸脱氢酶和苹果酸酶两种，前者的活动需要氧，而后者在厌氧条件下活动。CO_2 浸渍过程中葡萄浆果中苹果酸的分解途径见图 5-4。另外，在厌氧条件下苹果酸—乳酸菌繁殖较快，有助于苹果酸转换为乳酸，使苹果酸含量降低。

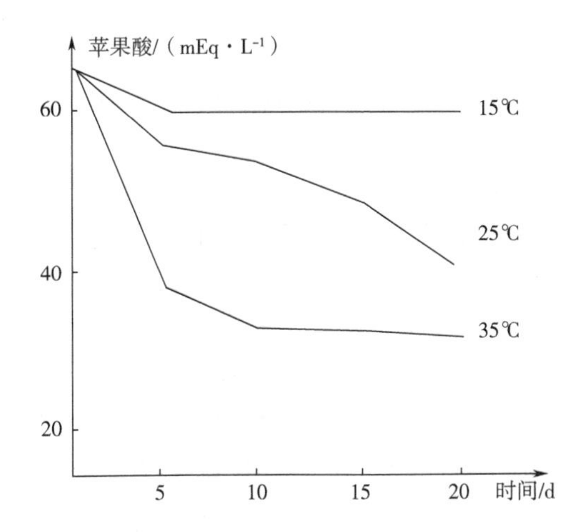

图 5-3　CO_2 浸渍过程中温度对苹果酸分解的影响

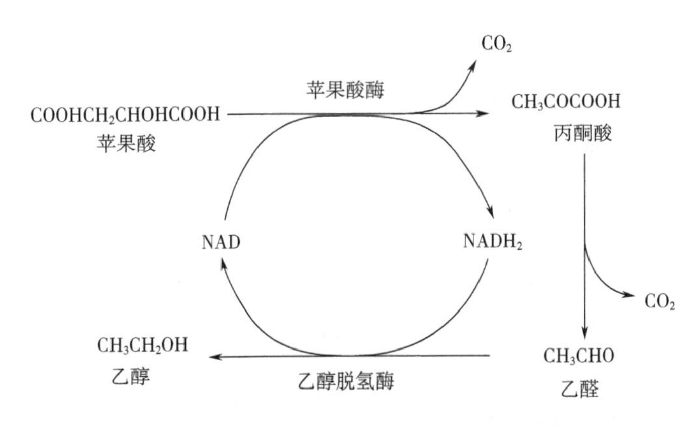

图 5-4　葡萄浆果厌氧代谢对苹果酸的分解途径

3. 多酚物质的变化

CO_2 浸渍处理过程中，葡萄果汁中色素、单宁含量在浸渍前几天内不断上升，浸渍后期至（纯汁）发酵阶段含量下降，但和传统工艺酿造的葡萄酒相比，CO_2 浸渍处理各阶段结束时色素、单宁含量都比较低。所以 CO_2 浸渍发酵法可以降低葡萄酒的苦涩感，使其口味更加柔和、流畅。

CO_2 浸渍处理使色素、单宁等多酚物质含量下降是因为其采用整穗葡萄进行浸渍，阻碍了果皮中的酚类物质和其他固性物质的有效浸出，又由于葡萄浆果厌氧代谢产生的酒精较少，浸提作用较弱，因而浸出的多酚物质较少。

在利用 CO_2 浸渍法酿造北冰红葡萄酒的研究中显示，CO_2 浸渍工艺酒样中单体酚总含量小于传统工艺酒样。其中，CO_2 浸渍法酿造的葡萄酒中类黄酮类物质总量稍高于传统酒，这对于支撑酒体结构、丰富口感起到一定作用。非类黄酮类物质的总量低于传统酒，使成酒口感更加柔和，酸涩味有所降低。另外，研究显示，CO_2浸渍发酵酒样中的白藜芦醇含量大于传统发酵酒样。

4. 香气成分的变化

香气是影响葡萄酒品质的重要因素之一。葡萄酒的质量取决于口感、香气以及口感与香气间的平衡。良好的香气质量能弥补口感的不足。CO_2浸渍法一般会遮盖品种特征，但也可以克服葡萄酒表现出的不良香气特征，并会形成一种特殊的二氧化碳浸渍香气。CO_2浸渍过程中葡萄汁的生青、土腥味减弱，以花香、果香等香气逐渐代之；而传统工艺葡萄汁的香气则仍以生青气味为主。

在利用CO_2浸渍法酿造北冰红葡萄酒的研究中显示，传统发酵酒样中共检测出36种香气物质，CO_2浸渍发酵酒样中共检测出24种香气成分。CO_2浸渍发酵酒中的醇类和酮类物质增加，但酯类、醛类和烯烃类物质减少。酯类化合物是葡萄酒水果香气的主要成分，酮类化合物是葡萄酒花香味的主要成分，CO_2浸渍发酵使酒的果香味淡化，而花香味增加。

5. 可溶性氮化物的变化

在CO_2浸渍过程中，由可溶性氮化物测得的总氮量略有上升，而且大多数氨基酸，如酪氨酸、赖氨酸、甘氨酸、亮氨酸、缬氨酸、精氨酸等的含量都有所上升，但天冬氨酸、谷氨酸却几乎全部消失。氮素物质增加的原因是由于在传统酿造法的酒精发酵中，葡萄酒酵母一般分泌转化酶、蛋白酶、还原酶等，而在CO_2浸渍法中分泌的蛋白酶较多，将更多的蛋白质分解成氨基酸。由于有了充分的氮素营养，后期的酒精发酵和苹果酸乳酸发酵都能进行得比较顺利。

5.6.3 CO_2浸渍中微生物的变化

CO_2浸渍过程中酵母菌大量繁殖，压榨阶段酵母菌的数量为（80~100）$\times 10^6$ CFU/mL。酵母菌大量繁殖的原因：一是葡萄浆果表面含有齐墩果酸和油酸，它们是酵母菌在无氧条件下活动的促进物质，由于CO_2浸渍法利用的是整穗葡萄浆果，所以浆果表面的这些促进物质没有被破坏，或者破坏量较少，因而促进了酵母菌的活动；二是CO_2浸渍过程中产生的酒精量较少，酵母菌受到的抑制作用较小，所以能够在此阶段大量繁殖。CO_2浸渍过程也有利于乳酸菌的活动，但是同时细菌产生病害的危险性也更大。所以如果需要进行苹果酸—乳酸发酵，就必须对此进行良好的控制，否则将很容易产生细菌性病害，影响葡萄酒的品质。CO_2浸渍阶段有利于细菌活动是因为CO_2有利于许多兼气性细菌的繁殖，而且细菌的潜伏期在基质中酒精量较低的情况下容易通过。同时，果实表面果粉中的脂肪酸对细菌的活动有促进作用。此外，酒精发酵阶段也有利于细菌活动，这是因为CO_2浸渍过程苹果酸、总酸下降，pH值提高，从而有利于细菌的活动，同时氮素营养有所改善，具有细菌可利用的还原糖，这都为酒精发酵阶段细菌的活动提供了有利条件。

5.6.4　影响 CO_2 浸渍发酵法的因素

1. 原料状况

保证 CO_2 浸渍葡萄酒的优良品质首先要尽量确保葡萄原料的完整性。在葡萄的采收和运输过程中，应尽量防止果实的破损和挤压，以最大限度地保证果穗和果粒的完整性。在葡萄酒厂的原料接收场地，应采用皮带输送而不能采用螺旋输送；装罐时应尽量避免将原料从高处往下倒。另外，CO_2 浸渍法酿酒一般不对葡萄原料进行除梗，而是将完整的葡萄果穗直接入罐，但是也可以采用新型破碎—除梗机，可实现对原料只除梗不破碎的要求。此外，要确保葡萄原料没有病害，尤其是不能有灰腐病，否则灰腐病中含有的氧化酶将严重影响葡萄酒的风味。

2. 温度

温度是 CO_2 浸渍法酿酒最关键的因素之一。为了获得良好的 CO_2 浸渍效果，一般将前期温度控制在 25~30℃，后期温度控制在 18~20℃。厌氧浸渍过程中需要保持较高的温度，一方面是由于在一定范围内，温度越高，苹果酸的降低幅度越大，速度也越快，高温可以更好地实现 CO_2 浸渍法降低葡萄酒总酸的目的；另一方面，温度越高，葡萄细胞内发酵进行得越快，所需要的浸渍时间就相应减少，从而可以缩短葡萄酒生产周期。在生产过程中应根据实际情况，灵活调整 CO_2 浸渍的温度和时间。但是在后期酒精发酵过程中应将温度控制在较低的水平上，这样可以防止香气的损失。另外，如果此阶段温度过高，可能会出现发酵中止，产生细菌性病害的情况。

3. 其他因素

CO_2 浸渍过程中要确保充足的 CO_2 来源。装满原料后，应充入浸渍罐体积 3~4 倍的 CO_2，其后要隔一定的时间向罐中补充 CO_2，以抵消被浆果吸收的 CO_2。对于 SO_2 的使用，如果酒厂的卫生条件和原料的卫生状况良好，可以不对原料进行 SO_2 处理。如果需要添加 SO_2，则应在装罐过程中进行。SO_2 的使用浓度一般为 30~80 mg/L，有时也可达 100 mg/L。当然，也应该选择合适的葡萄品种。

5.6.5　CO_2 浸渍发酵法的前景展望

CO_2 浸渍发酵法作为一种特殊的酿造工艺，对改善葡萄酒质量、酿制新型葡萄酒具有重要的指导意义。和传统葡萄酒酿造方式相比，CO_2 浸渍法具有明显的特点：CO_2 浸渍法酿造的葡萄酒总酸，尤其是苹果酸含量大量减少，并且单宁、多酚含量也有所降低，所以葡萄酒的口味更加柔和、清新；CO_2 浸渍法一般会遮盖葡萄原料的品种特征，具有不良香气特征的葡萄品种会因此香气独特、果香味更明显；

CO_2 浸渍发酵法生产周期短，企业资金周转快，其应用与推广为企业提高经济效益提供了有效途径。但是 CO_2 浸渍法也存在一些不足，如果储藏时间过长，葡萄酒的 CO_2 浸渍特征会逐渐消失，并且表现出葡萄酒色调转变为橘红色、游离花色素氧化等缺陷，所以 CO_2 浸渍法酿造的葡萄酒更适于作为新鲜葡萄酒消费。

第 6 章　白山葡萄酒和桃红山葡萄酒的酿造

6.1　白山葡萄酒的酿造

白葡萄酒是用白葡萄或色浅的红皮白汁葡萄酿制的。白葡萄酒按其残糖量的多少分为干白葡萄酒、半干白葡萄酒、半甜葡萄酒和甜型葡萄酒。白葡萄酒一般要求颜色从近似无色、淡黄色、黄色、麦秆黄至金黄色。白葡萄酒的质量主要由源于葡萄品种的一类香气、酒精发酵的二类香气以及酚类物质的含量所决定。质量良好的干白葡萄酒色泽较浅，具有纯正、优雅、怡悦的果香和酒香，口味清新、愉悦、协调。

对于葡萄来说，芳香物质主要存在于葡萄果皮中，能有效而完善地保留这些芳香物质，是酿造优质葡萄酒的关键工艺之一。通常白葡萄酒在葡萄破碎后，为防止多酚物质溶解于酒中，导致氧化而降低葡萄酒质量，需要立即将果皮分离，果皮中的芳香物质和有效成分得不到保留。针对不同的葡萄品种，可以科学地采用低温浸皮工艺，即在葡萄破碎后进行短暂的低温浸皮后分离发酵。

东北本土山葡萄中，唯一适合酿造白葡萄酒的品种是公主白，但该品种的葡萄种植面积少，由其酿造的白山葡萄酒更是少见。尽管如此，白葡萄酒作为葡萄酒中非常重要的一类产品，随着山葡萄酒产业的不断发展壮大，白山葡萄酒也一定会逐渐受到消费者的关注。

6.1.1　白山葡萄酒酿造的基本工艺

白山葡萄酒的传统酿造工艺除个别操作环节外，与红山葡萄酒的酿造工艺基本相同（图 6-1），其差别主要体现在前处理和陈酿阶段。在前处理阶段，葡萄可直接压榨取汁，或经除梗破碎后再压榨取汁。一般将白葡萄汁分为自流汁和压榨汁。在葡萄除梗破碎过程中会有大量的果汁流出，这部分流出的汁就是自流汁。自流汁中含有较高的糖和较低的酚类物质，可生产优质的白葡萄酒。自流汁一般占到白葡萄汁的 65%以上，剩余不到 35%为压榨汁。取汁后立即加入 SO_2（60~120 mg/L）以抑制杂菌生长和防止氧化。随后进行澄清操作，可以采用低温自然沉降，也可采用下胶澄清或过滤。澄清后，根据工艺需要向葡萄汁中加入糖和酵母，即可开始酒精发酵（18~20℃）。发酵结束后添加 SO_2，然后对发酵液进行澄清处理。澄清之后进行陈酿。在陈酿期间，一些酿酒师使用一种看起来像高尔夫球杆的工具来搅拌葡萄酒。搅拌导致所有死的酵母颗粒（称为酒泥（Lees））漂浮到酒里。酒泥给酒增加了味道（味道有点像啤酒或面包），它还使酒有更多的奶油质地。

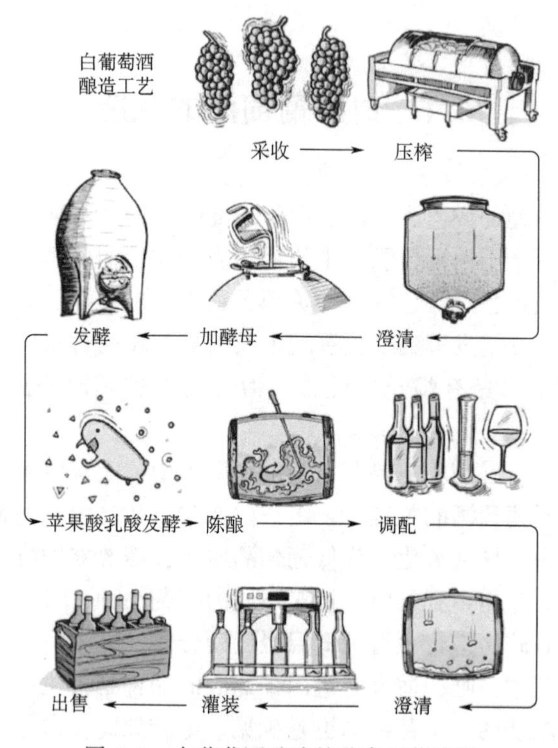

图 6-1　白葡萄酒酿造的基本工艺流程

6.1.2　冷浸工艺

为了将存在于果皮中的芳香物质浸提出来，就必须在控制条件的情况下，对葡萄果皮进行浸渍，同时防止产生影响葡萄酒感官质量的其他不良反应。对除梗并轻微破碎后的葡萄原料的冷浸工艺，可提高葡萄酒的质量，特别是使一些白葡萄酒更具有品种独特的风格。其方法是，尽快地将破碎后的原料温度降低到 10℃以下，以防止氧化酶的活动，然后在 5℃左右浸渍 10~20 h。浸渍时间的长短，根据原料不同而进行选择。在这种条件下，果皮中的芳香物质进入葡萄酒，但酚类物质的溶解受到限制。浸渍结束后，分离自流汁，SO_2 处理，升温到 15℃左右，澄清，添加酵母进行发酵。

6.1.3 超提工艺

所谓超提就是先将完整葡萄原料冷冻，然后用解冻后的原料酿造葡萄酒。在葡萄冷冻/解冻的过程中，其细胞和组织被破坏，从而提取出果皮中的芳香物质。与传统工艺比较，超提工艺所酿的白葡萄酒的香气和口感都要浓郁得多，其酸度降低，但酚类物质含量提高，从而使葡萄酒的颜色变深。对果皮细胞的破坏使酚类物质更容易进入葡萄汁中。因此，对解冻后的葡萄原料的压榨应迅速，压力不能太大，而且要进行足够量 SO_2 处理和适宜的澄清处理，以防止葡萄酒的氧化。

6.2 桃红山葡萄酒的酿造

桃红葡萄酒为略带红色色调的葡萄酒，主要是用红色葡萄品种经压榨或短时浸渍分离后，用纯汁发酵酿成的一种葡萄酒，其色泽与风味介于红葡萄酒与白葡萄酒之间。桃红葡萄酒的颜色因葡萄品种、酿造方法和陈酿方式不同而有一定差异，常见的有桃红、淡玫瑰红、浅红色等。桃红葡萄酒酿成半干型或甜型为好。

虽然桃红葡萄酒的颜色介于白葡萄酒与红葡萄酒之间，但是，与红葡萄酒和白葡萄酒一样，优质桃红葡萄酒也必须具有自己独特的风格和个性，而且其感官特性更接近于白葡萄酒。

优质桃红葡萄酒必须具有以下特点：

①色泽：具有较浅的红色色调，澄清透明，有晶莹悦目的光泽。

②果香：即类似新鲜水果或花香的香气。

③清爽：应具较备高的酸度。

④轻柔：其酒精度应与其他成分相平衡。

除以上 4 方面的平衡外，桃红葡萄酒还必须用红葡萄酒的原科品种，以获得所需的单宁和颜色。另外，桃红葡萄酒的外观比红葡萄酒和白葡萄酒的外观在品尝过程中所起的作用更为重要。因此，有两大类桃红葡萄酒，一大类色淡、雅致而味短，类似白葡萄酒，另一大类色较深、果香浓、味厚，类似红葡萄酒，但无论是哪一类桃红葡萄酒，一般都需要在年轻时饮用，不宜陈酿，以鉴赏其纯正的外观和香气质量。当桃红葡萄酒达到一定的年龄以后，由于在陈酿过程中颜色和香气的变化，就很难鉴定其质量了。

桃红葡萄酒的酿造主要有 3 种方法，分别是直接压榨法、低温短期浸渍法、短期浸渍分离法。

6.2.1 直接压榨法

直接压榨法与传统红葡萄酒的酿造工艺类似，只是在除梗破碎后，先分离出自流汁，然后对剩余破碎的果粒进行压榨取汁，混合自流汁和压榨汁，澄清后进行发酵（图 6-2）。

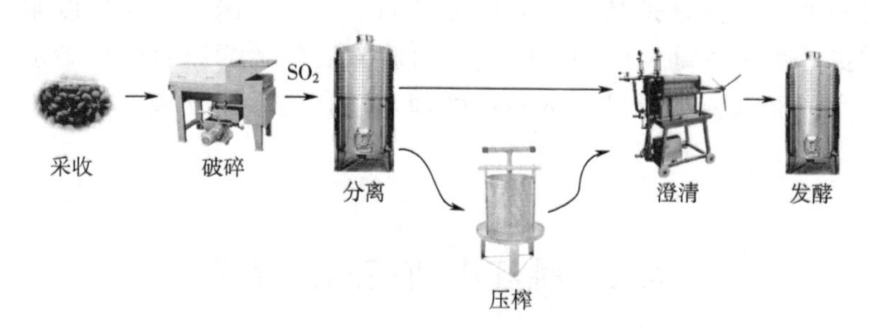

图 6-2 直接压榨法酿造桃红葡萄酒

如果原料的色素含量高，则可采用白葡萄酒的酿造方法酿造桃红葡萄酒，缺点是用此法酿成的桃红葡萄酒，往往颜色过浅。因此，使用这种方法时必须满足以下两方面的条件：

①色素含量高的葡萄品种。

②能在除梗破碎以后立即进行均匀的 SO_2 处理，以防止氧化。

6.2.2 低温短期浸渍法

这种方法是将原料装罐后，进行低温（<20℃）短时间（2~24 h）浸渍，在酒精发酵开始前分离自流汁，皮渣则经过压榨，然后进行酒精发酵，发酵结束后分离进行澄清和稳定性处理（图 6-3）。

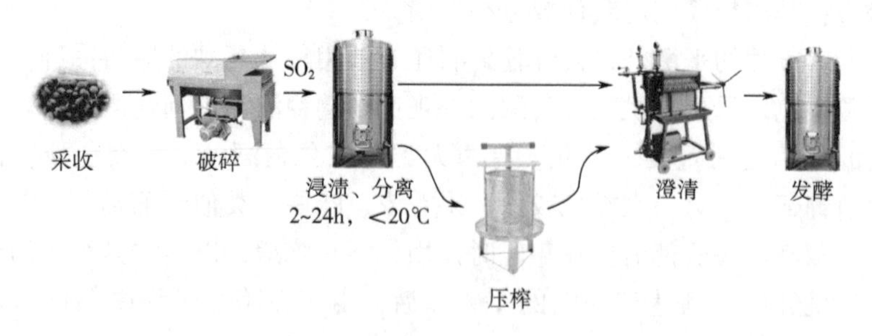

图 6-3 低温短期浸渍法酿造桃红葡萄酒

6.2.3　短期浸渍分离法

短期浸渍分离法（图 6-4）适用于具有红葡萄酒酿造设备的葡萄酒厂。在葡萄原料装罐浸渍数小时后，在酒精发酵开始以前，分离出 20%～25% 的葡萄汁，然后用白葡萄酒的酿造方法酿造桃红葡萄酒，剩余的部分则用于酿造红葡萄酒，但要用新的原料添足被分离的部分，而且由于固体部分体积增加，应适当缩短浸渍时间，防止所酿成的红葡萄酒过于粗硬、酸涩。

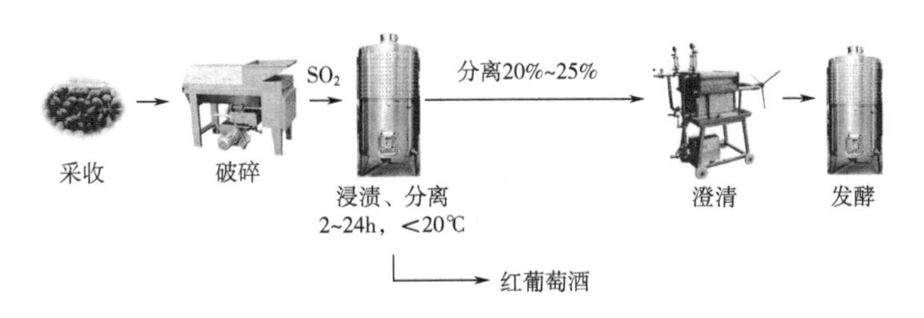

图 6-4　短期浸渍分离法酿造桃红葡萄酒

质量最好的桃红葡萄酒通常是用这种方法酿成的。这种方法的优点是产品颜色纯正，香气浓郁，缺点是产量受到限制。

除上述 3 种方法外，二氧化碳浸渍法也适用于酿造桃红葡萄酒。无论采用哪种方法酿造桃红葡萄酒，都必须遵循以下原则：

①葡萄原料完好无损地到达酒厂。

②尽量减少对原料不必要的机械处理。

③如果需要浸渍，温度最高不能超过 20℃。

④发酵温度严格控制在 18～20℃ 的范围内。

⑤防止葡萄汁和葡萄酒的氧化。

第 7 章　白兰地生产工艺

7.1　白兰地概述

白兰地这一名词，最初是从荷兰文 Brandewijn 而来，它的意思是“可燃烧的酒”，说明酒精含量很高，类似于中国的白酒，被喻为“生命之水，葡萄酒的灵魂”。它与中国白酒、俄罗斯伏特加、西印度朗姆酒、苏格兰威士忌以及荷兰金酒被称为世界六大蒸馏酒。

7.1.1　白兰地的定义

广义上的白兰地是指以水果为原料，经过制汁、发酵、蒸馏、陈酿、调配等工艺制成的蒸馏酒。通常所说的白兰地一般指以葡萄为原料，经发酵、蒸馏、橡木桶陈酿、调配而成的葡萄蒸馏酒。以其他水果原料酿成的白兰地，应加上水果的名称，如苹果白兰地、樱桃白兰地等。

优质白兰地独特幽郁的香气源于 3 个方面：一是葡萄原料品种香，二是蒸馏香，三是陈酿香。酿造白兰地禁止使用加酒精的葡萄酒蒸馏白兰地，也不允许加粮食酒精。对进口白兰地，必须要附有产地国出具的采用纯葡萄酒蒸馏的证明。

中国生产白兰地的历史悠久，专门研究中国科学史的英国的李约瑟博士曾发表文章认为，世界上最早发明白兰地的应该是中国人。明朝大药学家李时珍在《本草纲目》中写道：葡萄酒有两种，即葡萄酿成酒和葡萄烧酒。所谓葡萄烧酒，就是最早的白兰地。《本草纲目》也曾有记载：“烧者取葡萄数十斤与大曲酿酢，入甄蒸之，以器承其滴露，古者西域造之，唐时破高昌，始得其法。”这种方法始于高昌，唐朝破高昌后，传到中原大地。高昌即现在的吐鲁番，说明我国在 1000 多年以前的唐朝时期，就用葡萄发酵后蒸馏白兰地。

7.1.2　白兰地的分类

目前，白兰地可按 3 种方法划分：按酒龄可分为特级（XO）、优级（VSOP）、一级（VO）、二级（VS）白兰地；按酿造原料可分为葡萄白兰地、水果白兰地；按色泽可分为琥珀色白兰地、无色白兰地。我国在 GB/T 11856—2008《白兰地》中，按原料将白兰地分为 3 类。

1. 葡萄原汁白兰地

以葡萄汁、浆为原料，经发酵、蒸馏、在橡木桶中陈酿、调配而成的白兰地。

2. 葡萄皮渣白兰地

以发酵后的葡萄皮渣为原料，经蒸馏、在橡木桶中陈酿、调配而成的白兰地。

3. 调配白兰地

以葡萄原汁白兰地为基酒，加入一定量食用酒精等调配而成的白兰地。

7.1.3 白兰地分级

在国际上，白兰地的等级是根据酒龄来分类的，不同国家有不同的分类方式。我国关于白兰地等级的分类标准，借鉴了法国等生产白兰地发达国家的相关标准，以白兰地放在橡木桶中熟成的时间为标准，将白兰地分为4个等级，分别为XO白兰地、VSOP白兰地、VO白兰地以及VS白兰地。

1. XO白兰地

特级，XO或Extra Old，酒龄至少为6年，金黄色至赤金色，具有和谐的葡萄品种香、陈酿的橡木香、醇和的酒香，幽雅浓郁，口感醇和、甘洌、沁润、细腻、丰满、绵延。

2. VSOP白兰地

优级，VSOP或Very Special Old Pale，酒龄至少为4年，金黄色至赤金色，具有明显的葡萄品种香、陈酿的橡木香、醇和的酒香，幽雅、口感醇和、甘洌、丰满、绵柔。

3. VO白兰地

一级，VO或Very Old，这种级别的白兰地最低酒龄为3年，金黄色，具有葡萄品种香、橡木香及酒香，香气谐调、浓郁，口感醇和、甘洌、完整、无杂味。

4. VS白兰地

二级，VS或Very Special，这种级别的白兰地最低酒龄为2年，淡金黄色至金黄色，具有原料品种香、酒香及橡木香，无明显刺激感和异味，口感较纯正、无邪杂味。

7.2 白兰地生产工艺

山葡萄白兰地多采用皮渣发酵的方式生产，这样有利于山葡萄资源的综合利用，同时也能得到优质的白兰地产品。山葡萄酒主发酵结束后，经过过滤、压榨所得的皮渣添水加糖后再次发酵，待酒精含量达到10%~12%（体积分数）时，过滤后蒸馏，可得山葡萄白兰地原酒（图7-1）。

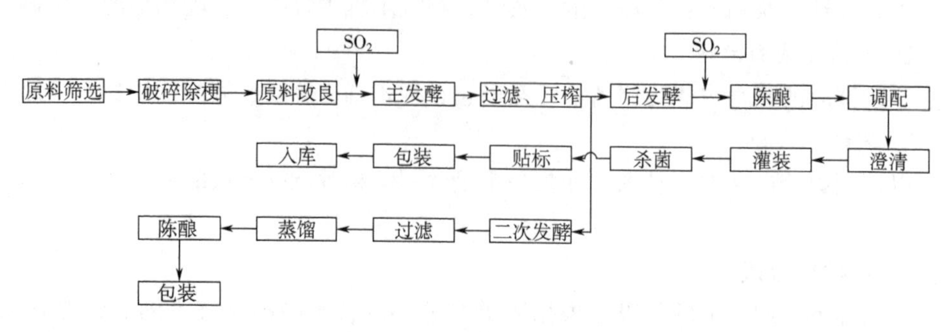

图7-1　白兰地生产工艺

要酿制优质白兰地，最关键的部分是蒸馏设备，不能单纯使用蒸馏塔进行蒸馏，因为有些挥发酯，特别是葡萄皮上的芳香物质，沸点较高，不能从塔上蒸出，大部分随废醪从塔底流失，导致白兰地仅具有酒精味而不芳香。

7.2.1　白兰地蒸馏工艺

在白兰地酿造过程中，蒸馏过程扮演着承上启下的重要角色，蒸馏工艺影响并决定着白兰地芳香化合物的组成。白兰地特有的香气成分部分源于原料中固有的香气成分，而发酵和蒸馏过程中形成和转化得到的香气成分往往构成了白兰地主要的骨架部分。这些香气成分在蒸馏过程中可以均匀地混合，香味更加浓烈，有的与其他成分生成新的香气物质，有的分解产生新的香气成分。蒸馏过程是通过合适的蒸馏工艺确保这些香气物质能以较为恰当的比例保留在白兰地中，以满足后期陈酿的需求。

白兰地蒸馏是白兰地生产过程的关键所在，直接影响着白兰地品质的优劣。适当的蒸馏工艺及蒸馏设备是生产优质白兰地的保证。如果蒸馏方法或工艺不当，原白兰地就会失去典型性，产生缺陷，降低白兰地的质量。尽可能减少或除去有害和异味物质，保留适量的乙醇和香气成分，可最大限度保持白兰地的典型性，是蒸馏白兰地原酒的关键。白兰地蒸馏过程中的蒸馏方式、蒸馏温度和蒸馏时间直接影响白兰地的品质和出酒率。研究发现，控制回流率和蒸馏温度可控制有害或有益物质的产生，降低酒液出酒速度，增加回流速率可降低阈值较高的高级醇含量，从而使白兰地更为纯净。

世界上主要的蒸馏方法均是配合不同的蒸馏设备使用的。即使是完全相同的蒸馏设备，不同的厂家也会根据实践经验总结出自己独特的蒸馏工艺。蒸馏工艺的不同是指酒头酒尾的截取与复蒸的方式不同。对于白兰地的蒸馏，无论是两次蒸馏还是连续蒸馏，都要考虑白兰地头馏分和尾馏分的截取。具体的截取量，截取后的头馏分和尾馏分应该如何利用或者处理，都是蒸馏工艺的体现。

1. *两次间歇蒸馏*

两次间歇蒸馏，又称为两次蒸馏。首先，原料酒经过蒸馏得到粗馏白兰地。该过程仅截取酒精度大于20%（*V/V*）的部分作为粗馏白兰地，20%~0（*V/V*）的酒尾作为芳香水，不进行酒头截取。收集到的粗馏白兰地酒精度在30%（*V/V*）左右，再进行第二次蒸馏。芳香水有较好的花香，通过贮藏可用来勾兑普通的芳香型白兰地。蒸馏出芳香水后，蒸馏釜中余下的为酒糟水。在进行第二次蒸馏时，一般取最先馏出的约占1%的总酒精含量的白兰地作为头馏分。所截取量即用粗馏白兰地中总酒精含量的1%换算成的具有相同酒精度的头馏分的体积。截掉头馏分（酒头）后，开始收集中馏分即酒心（一级白兰地原酒）。截取酒头之后馏出的酒心，不再有尖锐气味，香气变得纯净愉快。随着酒精度的下降，要注意根据原料酒的品质选取截取点，在截取点后作为次尾。原料酒的品质越好，截取点越靠下。如较为优质的原料酒蒸馏时可以截取到50%（*V/V*）。普通的原料酒蒸馏可在58%~57%（*V/V*）之间截取。粗馏白兰地酒精度较高时，也会适当提高截取点。以原酒是否出现蒸煮味为标准，结合品尝进行截取，当出现蒸煮味后要立即进行截除。截取点一般在58%~55%（*V/V*）之间，也可单独取20%~0（*V/V*）作为芳香水。将次尾与酒头混合后进行二级白兰地原酒的蒸馏。二级白兰地经过长期贮藏，即可得到普通的白兰地。二级白兰地蒸馏得到的二次头馏分和尾馏分，不能继续蒸馏白兰地。

2. *单次连续蒸馏*

单次连续蒸馏，又称为连续蒸馏。连续蒸馏时，头馏分、中馏分、尾馏分的截取参照原料酒装液量而定。头馏分、中馏分、尾馏分分别约为装液量的0.1%、14%、15%，其余为酒糟水。原料酒的酒精度、尾馏分截取点、设备回流率的不同，使中馏分的酒精度有所差异。中馏分酒精度通常在60%~70%（*V/V*）之间。尾馏分与头馏分混合进行蒸馏，得到二级白兰地。二级白兰地蒸馏得到的二次头馏分和尾馏分，与两次蒸馏相同，也不能继续蒸馏白兰地，同样可用于蒸馏工业乙醇。有研究指出，头馏分与尾馏分混合起来进行二级白兰地的蒸馏是不合理的。一方面，头馏分中醛类等气味与口感刺激的化合物含量较高。将头馏分混入次尾进行二级白兰地的蒸馏，会引入这些刺激物质污染二级白兰地原酒。另一方面，尾馏分中有较高含量的酯和高级醇。通过贮藏，这些酯和高级醇能大大提高二级白兰地的香气和口感。因此，二级白兰地仅用次尾进行蒸馏。其余的馏分均作为工业酒精生产原料。也有工厂不进行二级白兰地的蒸馏，而是把尾馏分直接混入原料酒，进行蒸馏。这种方法，可得到中等或中等偏上质量的白兰地。有人专门研究了尾馏分的复蒸对白兰地的影响，发现二次尾馏分与原料酒或与粗馏白兰地混合，进行复蒸后均有蒸煮味。只有一次尾馏分与原料酒混合复蒸后，仍然可得到一级白兰地原酒。

3. 其他蒸馏方式

不同厂商或地区白兰地的蒸馏工艺与以上两种方法大同小异。本质上是这两种方法的演变和组合。例如，干邑地区的两次蒸馏法是将一次头馏分、二次头馏分和二次尾馏分汇入原料酒中进行复蒸，或者在第二次蒸馏时部分次尾与粗馏白兰地混合复蒸，得到一级白兰地。此外，白兰地厂商在摸索出蒸馏方法后，还要根据每批原料酒质量变化进行微调。

7.2.2 白兰地的蒸馏设备

随着科学技术的发展与进步，蒸馏设备越来越先进。特别是用于酒精蒸馏的自动化现代蒸馏设备，不仅人力投入少、效率高，而且所蒸馏的酒精纯度高、质量稳定。但是，白兰地蒸馏与酒精蒸馏不同，不是单纯地为了得到高纯度的酒精。获得白兰地的芳香物质，尽量减少有害和异味物质产生，奠定白兰地质量的物质基础，才是白兰地蒸馏的目的。目前，国内葡萄酒企业用于白兰地生产的蒸馏设备主要有4种基本类型，其他设备大多是在这4种设备的基础上改造、变型而来。

1. 烧酒设备

这类设备之所以被本书作者称为烧酒设备，一是与后面所述蒸馏设备有所区别；二是这类设备是在中国传统白酒生产的烧酒设备的基础上进行改造而成的。烧酒设备主要由3部分组成，分别是加热罐、连接管、冷凝罐（图7-2）。葡萄酒在加热罐中被加热后，产生的挥发性气体（包括水蒸气、香气等）上升并通过连接管进入冷凝罐，在冷凝罐被冷却形成酒液后从出酒口流出。加热罐的加热方式有电加热、蒸汽加热等方式。冷凝罐中多以自来水作为冷却介质。冷凝罐的构造也多种多样，例如，有些冷凝罐中设计了很多的细管（可称为冷凝管），挥发性成分从连接管出来后直接进入冷凝管，在冷凝管中被冷却形成酒液。冷凝管与冷凝罐的罐体之间充满自来水作为冷却介质。这种设计可以增加挥发性成分与冷却介质的接触面积，提高了冷凝效率，有效保留香气成分。有些冷凝罐将冷凝管设计成螺旋状，不仅可以增加接触面积，还可延长挥发性成分与冷却介质的接触时间。

2. 夏朗德壶式蒸馏设备（methode charantaise distill equipment）

经典的夏朗德壶式蒸馏器是2000L型，其结构如图7-3所示，主要包括蒸馏锅、壶式蒸馏器、预热器、冷凝器、加热炉等部分。夏朗德壶式蒸馏器是生产高档白兰地的专用设备，此设备是将白兰地原酒蒸馏成原白兰地。

铜壶优点：一是铜对葡萄酒中的酸具有良好的抗性及耐腐蚀性；二是铜具有很好的导热性，即降低热能消耗；三是在加热和蒸馏过程中，铜可与丁酸、乙酸、辛酸、癸酸、月桂酸等形成不溶性铜盐，从而将这些具有不良风味的酸除去，能提高白兰地的质量。

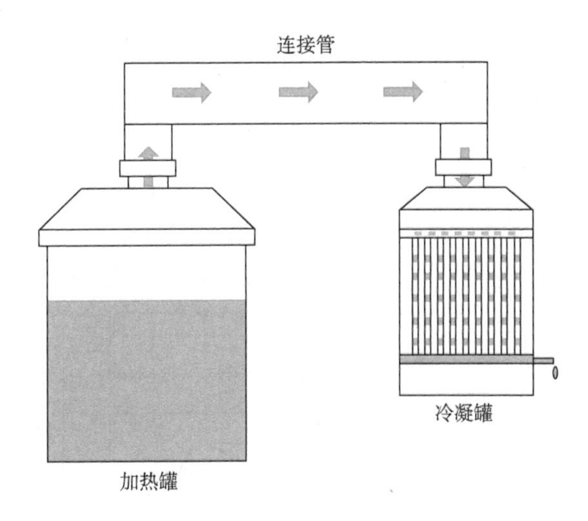

图 7-2　烧酒设备示意图

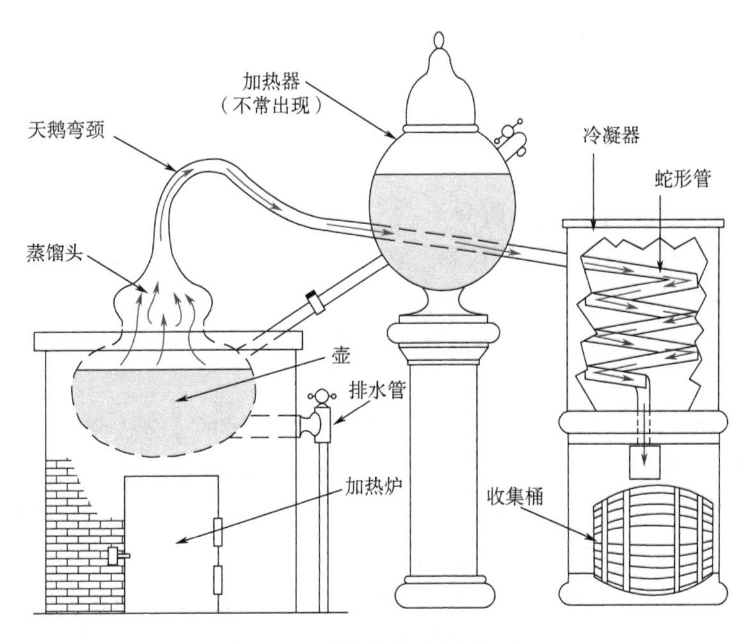

图 7-3　夏朗德壶式蒸馏设备

3. 阿尔玛涅克（armagnac）连续蒸馏设备

阿尔玛涅克塔式连续蒸馏法主要采用连续的塔式蒸馏器，见图 7-4，主要包括蒸馏锅、蒸馏塔、预热器、冷凝器等，优点是所获得的白兰地成熟快，能更快地投放市场。

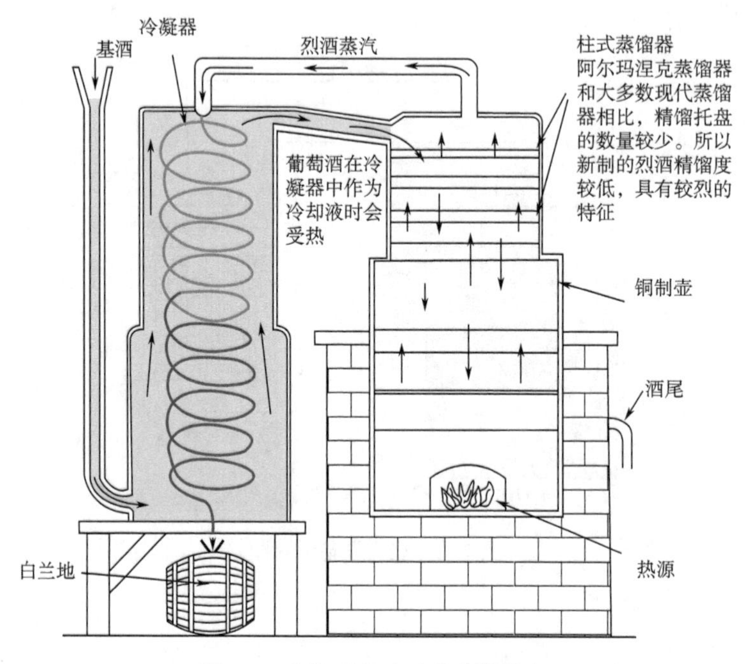

图 7-4　阿尔玛涅克连续蒸馏设备

7.2.3　白兰地蒸馏中的挥发性成分

白兰地是一种高雅香醇的饮料酒。它的芳香物质主要是通过蒸馏获得的。白兰地虽然是一种蒸馏酒，但它与蒸馏酒精不同。原白兰地不像精馏酒精一样，要求极高的纯度，而是要在60%~70%的酒精中，保持适当含量的挥发性化合物，以奠定白兰地芳香的基础。

在白兰地原料葡萄酒或粗馏原白兰地中，水和乙醇的成分占99%以上，其余的成分（如醛类、酯类、酸类、醇类及其他）与水和乙醇的含量相比，是微乎其微的。所以发生在设备里的蒸馏过程中被蒸馏的混合液，可假定地看作是两种成分的混合物，蒸馏原理亦同乙醇与水的混合物蒸馏。

白兰地原料酒中，含有一些挥发性物质，主要有醛类、酯类、高级醇及其他，在蒸馏过程中，随着乙醇一起转入馏出液里。这些物质具有不同的沸点，在水和酒精的混合液中，具有不同的溶解度。所有这些物质都能很好地溶解于纯酒精，但在水里的溶解情况是不相同的。其由原料酒转入馏出液的顺序，不仅取决于它们的沸点，也取决它们与水分子之间的亲和力，以及它们在水和酒精混合液里的溶解度。

表 7-1　挥发性化合物的沸点温度

编号	物质名称	沸点温度（℃）	化学式	特征
1	乙醛	20.8	C_2H_4O	无色液体，有尖锐不愉快气体
2	丙醛	50.0	C_3H_6O	无色液体，具有尖锐不愉快气体
3	甲酸乙酯	54.1	$C_3H_6O_2$	液状，具有愉快的香气
4	乙酸甲酯	56.6	$C_3H_6O_2$	液状，具有愉快的香气
5	甲醇	65	CH_4O	口味烈，几乎无闻香
6	丁醇	75	C_4H_8O	有尖锐刺鼻气体
7	乙酸乙酯	77	$C_4H_8O_2$	具有愉快香气的液体
8	乙醇	78.3	$C_{2}\cdot{}_{6}O$	口味烈，具有微弱的愉快闻香
9	丙醇	97.4	C_3H_8O	闻香愉快而尖锐
10	水	100	H_2O	无色，无臭
11	缩醛	102.9	$C_6H_{14}O$	强烈的气味
12	异丁醇	108.4	$C_4H_{10}O$	口味烈，气味强烈
13	异丁醇乙酯	110.1	$C_6H_{12}O_2$	有愉快的气体
14	丁醇	117.5	$C_4H_{10}O$	有愉快的气体
15	乙酸	118.1	$C_2H_4O_2$	有尖锐的气体
16	丁酸乙酯	121	$C_6H_{12}O_2$	有愉快的气体
17	旋光戊醇	128	$C_5H_{12}O$	有不愉快的味道
18	异戊醇	132	$C_5H_{12}O$	是杂醇油的主要成分，气味不愉快
19	异戊醇乙酯	134.3	$C_7H_{14}O_2$	有愉快的香味
20	乙酸异戊酯	137.6	$C_7H_{14}O_2$	有愉快的香味
21	丙酸	140.9	$C_3H_6O_2$	有尖锐的气味
22	己醇	157.2	$C_6H_{14}O$	具有愉快的香味
23	糠醛	162	C_5H_4O	苦的巴旦杏味
24	丁酸	162.8	$C_4H_8O_2$	有不愉快的烧油味
25	异戊酸	177	$C_5H_{10}O_2$	异戊醇氧化产物，气味不愉快
26	异戊酸异戊酯	190	$C_{10}H_{20}O_2$	具有愉快的气味
27	己酸	205	$C_6H_{12}O_2$	具有愉快的气味
28	庚酸	223.5	$C_7H_{14}O_2$	愉快的气味
29	辛酸	237.5	$C_8H_{16}O_2$	有愉快的气味

如果按照沸点温度增加的顺序排列原酒中基本的挥发性物质，则得到表 7-1 的结果。这些挥发性成分在蒸馏的过程中转入馏出液，对形成白兰地特有的口味和香味具有重要的作用。

白兰地原料酒中的挥发性化合物，有的来源于葡萄原料，有的是在发酵过程中形成的。在蒸馏过程中，这些挥发性化合物有的能够彼此化合，有的能够分解形成新的成分。按蒸馏时在大锅里发生的过程，挥发性化合物能够分成两大类：低沸点的挥发性物质和中沸点的挥发性物质。

①低沸点的挥发性物质　由于蒸馏作用的结果，它们能够从白兰地原料酒转入粗馏原白兰地，而后转入原白兰地，在这期间，不发生化学变化，它们的含量或者保持不变，或者由于某种物理因素的影响而发生一定的变化。

②中沸点的挥发性物质　在蒸馏过程中要发生化学变化。一些物质的含量因化学作用而减少或增加，另外一些物质将重新形成。在蒸馏过程中，醛和酯的含量增加。在由原料酒蒸馏成粗馏原白兰地过程中，醛含量的增加是由于部分的乙醇氧化成乙醛。酯含量的增加是由于大量中级酯的形成。中级酯是高级醇和乙酸形成的，在蒸馏器里之所以能够发生这些变化，是由于具有一系列良好的反应条件，如较高的温度，溶解氧含量及中间氧化剂的存在。此外，由于戊糖的脱水作用而形成的糠醛，也被蒸入粗馏原白兰地中。

③除了物质的重新形成过程外，在蒸馏时还发生一个相反的过程——物质的分解。高温、中间氧化剂和溶解氧的存在，使酒精氧化成乙醛和乙酸。在酯化作用的同时，还发生了酯的分解。除了上面的反应以外，在蒸馏过程中还有其他物质的形成和分解。

蒸馏设备的制作材料也影响着蒸馏过程中某些化学反应的进行。在铜和铁制造的蒸馏釜里，挥发物质形成得多，因为铜和铁是一系列化学反应的催化剂。在玻璃烧瓶里蒸馏，挥发物质就形成得少。蒸馏时原酒沸腾的时间也是影响挥发物质形成的基本因素。随着原酒加热时间的延长，蒸馏器里新形成物质的量也增加了。

7.2.4　白兰地的陈酿

新蒸馏出的白兰地色泽呈无色透明，没有绚丽的琥珀色和金黄色，口感粗糙单调，尚未成熟。只有在橡木桶中成熟一段时间后，经过木桶内单宁物质和其他有机物质及酶的生命活动后，才能得到优质白兰地。橡木中含 40%～45%的纤维素、25%～30%的木质素、20%～25%的半纤维素及 8%～15%的单宁。在陈酿过程中，橡木中可溶性物质因萃取、浸渍和溶解等作用而进入酒体，主要包括碳水化合物降解物、挥发性酚、橡木内酯、萜类、单宁类物质等溶出，酒体由于氧化、水解、缩醛等反应，使白兰地香气成分更加丰富，从而增加白兰地的内容，使味感协调柔和，感官品质明显提高，形成白兰地独特的酒体。

在陈酿过程中，白兰地主要发生以下变化：

①体积减少　白兰地在橡木桶中陈酿，由于橡木桶壁内外有较强的透气性，利于白兰地的成熟。由于这种特性，在橡木桶中陈酿的白兰地，在成熟过程中体积会不断减少，减少的幅度和速率主要取决于陈酿环境中的温度、湿度以及通风强度等条件的变化。

②酒度降低　由于酒精挥发，白兰地在橡木桶中陈酿时酒度会降低。降低速度为平均每15年下降6%~8%（V/V）。因此，橡木桶所在的陈酿环境空气湿度应保持在70%~80%之间。反之，水的挥发量会比酒精的挥发量大，导致白兰地的酒度上升，影响白兰地质量。

③其他变化　白兰地在橡木桶中陈酿还会发生一系列物理、化学变化，包括白兰地对橡木桶壁中单宁的浸提溶解，酯类、高级醇及色素等含量的增加，以及发生氧化、水解、缩醛等反应，都会引起白兰地化学成分的变化，促进白兰地的老熟，形成白兰地特有的风味和典型性。

7.2.5　白兰地的人工老熟

由于自然陈酿需要很长时间和贮藏空间，会影响生产厂家的经济效益。目前，有些企业通过人工催陈技术缩短新酒陈酿周期，加速酒体成分变化，人工催陈是白兰地陈酿的热点研究方向，意义重大。白兰地催陈方式很多，主要是利用橡木制品催陈、物理和化学方法催陈。

1. 橡木片催陈

利用橡木片代替橡木桶进行陈酿具有显著优势。第一是操作方便，可减少不必要的生产环节，能节约生产成本，提高企业经济效益；第二是具有更强的灵活性和操作性，处理工艺、烘烤程度更易控制，因而能增加有效成分的溶出；第三是橡木片的使用能减少酒体品种香的损失和陈酿过程中的氧化。橡木的品种、橡木添加量、橡木片的尺寸及在酒体中的浸泡时间影响着陈酿效果和释放到酒体中挥发性物质的含量。用橡木片处理陈酿比橡木桶的陈酿速度要快很多。橡木浸出物是人工陈酿过程中常用的添加剂，可提高酒体的品质，促进酒体中挥发性物质的形成，橡木中酚类物质的提取对白兰地的人工陈酿具有积极作用。

在白兰地的成熟过程中加入未经处理或经碱处理的橡木片，可加速老化。因为白兰地颜色的加深主要是由于单宁的氧化，而木质素和半纤维素的醇解和水解则是形成香草醛和使白兰地口味柔和、醇厚的主要原因。有国外学者认为，最好先将橡木片放入0.063~0.075 mol/L的碱液中在10~15℃的温度条件下处理两天后，再将橡木片放入白兰地中，在20~25℃下贮藏，并定期通入一定量的氧（15~20 mg/L）。

这样，只要贮藏6~8个月就相当于自然老熟3~5年。在贮藏过程中，缺氧会推迟白兰地的成熟，但含氧量过高则会破坏白兰地的香气和各成分之间的平衡。

有报道称，将新白兰地在38~40℃下处理30天或与橡木片一起在相同温度下处理30天，与对照白兰地比较，其高级脂肪酸乙酯、醛类和糖醛的含量较高，而挥发性高级醇的含量则较低，因而其感官质量较好。也有研究显示，将白兰地置于-15~-20℃的密室中3~4天或在-80℃的温度条件下处理几小时也可使新白兰地达到十年陈酿的风味。

2. 超声催陈

超声波具有很强的能量，作为一种低成本、高效率和环境友好型的新型加工技术，被广泛应用于食品工业中。超声波在酒中主要作用机制：一是促进自由基氧化还原反应。当超声波在酒体中传播时，能使酒液进入震动状态，因其震动作用于酒体中的分子，产生一系列波纹，当所受负压足够强时，酒体中会形成空化气泡。当这些空化气泡破裂时会产生局部高温高压，产生大量能量，促进极性分子整齐排列和低分子化合物聚合与缩合反应的进行；二是机械性断裂作用。超声波可以通过高速震动频率使分子产生极高的运动加速度，由于机械运动产生的剪切力会导致酒体中大分子物质的降解，从而促进酒的陈酿。

近年来，国内外许多研究学者在超声波对酒的陈酿方面进行了大量研究。白兰地在自然陈酿过程中，酒体中微量成分经过氧化还原及聚合反应等使芳香化合物和高聚合度物质逐渐累积，白兰地的品质会得到提升。当酒龄达到一定阶段时，酒体中各成分趋于稳定，化合物也逐渐丰富，此时酒品质最佳，具有最优的酒香及风格。经过超声波处理能使白兰地品质在短时间内达到峰值，且峰值持续时间比自然陈酿白兰地时间要更长。

3. 微波催陈

微波是指频率在300 MHz~300 GHz之间，波长在1~1000 mm范围内的电磁波，常分为分米波、厘米波、毫米波和亚毫米波。微波场由高频电磁场形成，在电磁场的作用下，酒体中极性分子被高频极化，使酒中的分子以极高的速度摆动，在某一瞬间，快速将部分酒精和水分子群切割成单个或2~3个小分子团，在该状态下，这两种成分中独立难溶的分子集团能够重新缔合、相互渗透、充分融合形成稳定的缔合分子团。同时，当酒中的极性分子吸收微波能量后转化为热能，酒体温度升高时，能量状态发生改变，诱导大量自由基产生，从而促进酒体中有机和无机体系内多种醇化过程的进行，加速白兰地的陈酿过程。因此，微波能使酒液中分子内能增加，能量变化促进化学反应的加快。新酒经过微波催陈处理后，总酯增加，酒精度略有下降，口感变得醇厚和谐。有些杂味还由于氧化还原反应而减弱或消失，从而实现对白兰地的催陈。

4. 紫外催陈

紫外线是波长小于 400 nm 的光波，紫外催陈主要是由于紫外具有较高的化学能量，酒体中各种成分在紫外高能量的作用下使分子高速运动，加快酒液中分子的运动速度，化学键断裂，促进分子间氧化、酯化、缩合反应的进行。在紫外线的作用下，可产生少量初生态氧，对促进酒液中微量成分氧化具有一定积极的作用。应用紫外线催陈要注意对处理时间的控制，防止酒体过氧化的发生。

5. 臭氧催陈

臭氧催陈主要是利用臭氧的强氧化性和较高的能量，酒体经臭氧处理后，各类物质获得能量后成为活化分子，能增强分子活化性能，提高分子间有效碰撞率，加快酒体内部氧化、缔合、酯化等反应的进行。臭氧处理能够提高酒体中酯类含量，使酒体口感变得柔和醇厚，相当于1~2 年自然陈酿的效果。经一定剂量臭氧氧化处理后，能够减轻新酒刺激性气味，增加陈酒感。但也有研究显示，臭氧处理后酒中总酯下降，主要是高级脂肪酸乙酯降解，降低其含量，使低度白酒变得澄清透亮，不再失光。说明臭氧处理具有一定的除浊作用。

6. 辐照催陈

辐照技术是由电子加速器产生的高能电子射线，由于其方向性强、成本低、处理时间短、装置安全、可操控性强、能量利用率高等优点被广泛关注。辐照处理后高能电子束射线使酒体中产生大量活性自由基，这些扩散出来的活性自由基通过自由基—自由基反应、自由基—分子反应与酒体中有机化合物相互作用，改变酒体中化合物的结构与含量，使酒体重新建立热力学平衡，辐照处理后酒体中水分子会发生化学反应：$H_2O \rightarrow \cdot OH$（2.8）$+e_{aq}^-$（2.7）$+H\cdot$（0.6）$+H^+$（3.2）$+H_2O_2$（0.7）$+OH_{aq}^-$（0.5）$+H_2$（0.45），$e-_{aq}$ 具有强还原性，$\cdot OH$ 具有强氧化性，促进酒体中氧化还原反应的进行，可使酒体增香，口感协调，达到加速陈酿的效果，提高酒体香气及品质，缩短酒液的陈酿期。

7.2.6　白兰地装瓶前处理

经过陈酿成熟的白兰地，在装瓶前必须完成以下工序。

1. 过滤

白兰地经过一段时间贮藏陈酿后，酒度降低，一些高级肪酸乙酯的溶解度也随之下降，容易在瓶内产生沉淀，需通过冷处理过滤将之除去。

2. 分析检验

白兰地在调配勾兑以前，要测定分析白兰地的酒度、色度等主要指标。酒度用蒸馏法测定，色度用分光光度法测定。其方法是将原白兰地倒入 1 cm 比色杯中，分别测定在 400 nm 和 535 nm 的光密度，白兰地的色度即为这两个光密度值的总和。根据分析的结果进行调配。

3. 调配勾兑

刚蒸馏出的白兰地的酒度在70%（V/V）左右，如果单靠在橡木桶中陈酿来降低酒度至40%（V/V），需要很长时间，而且会大大增加贮藏的成本和时间，因此需要人为降低白兰地的酒度。降低白兰地的酒度时，不能一次降至需要的酒度，应该分次进行，每次降低的酒度为8%~9%（V/V），而且每次降低酒度后应贮存一段时间。具体方法是用蒸馏水将少量白兰地稀释，使其酒度达到27%（V/V），贮藏一定时间后，将稀释后的白兰地加到高酒度的白兰地中，分次进行，直至降至所需要的酒度。一般成品白兰地的酒度为40%（V/V）。

4. 冷冻过滤

为了使调配好的白兰地酒体澄清稳定，需进行冷冻处理。由于白兰地的酒度较高，所以冷冻温度设定在-15℃，冷冻7~10 d后根据需要进行过滤，过滤后的白兰地经质量检测合格后即可灌装出厂。

第 8 章　起泡山葡萄酒

8.1　起泡葡萄酒概述

起泡山葡萄酒也称为山葡萄汽酒。起泡葡萄酒（sparkling wine）可由葡萄原酒经密闭二次发酵产生大量二氧化碳制得，其缤纷的气泡及清爽的口感常常给人们一种浪漫欢乐的气息。近年来，随着我国葡萄酒文化的推广及民众对葡萄酒认知的提升，时尚清爽的起泡葡萄酒越来越受到众多消费者的青睐。《葡萄酒国家标准 GB 15037—2006》规定：在 20℃时，CO_2 压力等于或大于 0.05 MPa 的葡萄酒称为起泡葡萄酒。

起泡葡萄酒原产于法国香槟省（Champagne），18 世纪初，当地奥维利尔修道院院长 Dom Pierre Pérignon 偶然发现葡萄酒的瓶内二次发酵现象并以此发明了瓶内二次发酵生产起泡葡萄酒的方法——香槟法（methode champenoise）。随着起泡葡萄酒在世界市场的逐步发展，各国的起泡酒产业逐步形成，产量排名前五的国家依次为法国、意大利、德国、西班牙和俄罗斯；与此同时其生产工艺及技术也随之出现，包括密封罐内二次发酵、加气法等。而我国最早的起泡葡萄酒于 1913 年由北京阜成门外的上义葡萄酒厂所生产，现今我国已有多家葡萄酒企业正在进行起泡葡萄酒的研发与生产。山葡萄主要用于酿造甜型葡萄酒，对起泡山葡萄酒的研发和生产较少。王华等人利用北冰红酿造的起泡葡萄酒具有以苹果、杏、梨、草莓、酸樱桃、甜瓜等水果香气为主的特征香气，其中苹果特征最为明显，所酿起泡酒具有一定的涩感和陈年潜力，较强的抗氧化活性和比较浓郁典型的香气。

8.2　起泡葡萄酒的分类

8.2.1　按 CO_2 压力分类

①低泡葡萄酒：20℃时，CO_2（全部由自然发酵产生）压力为 0.05～0.34 MPa 的起泡葡萄酒。

②高泡葡萄酒：20℃时，CO_2 压力（全部由自然发酵产生）大于等于 0.35 MPa（对于容量小于 250 mL 的瓶子，CO_2 压力等于或大于 0.3 MPa）的起泡葡萄酒。

8.2.2 按含糖量分类

①天然高泡葡萄酒：含糖量小于或等于 12.0 g/L（允许差 3.0 g/L）的起泡葡萄酒。

②绝干高泡葡萄酒：含糖量为 12.1～17.0 g/L（允许差 3.0 g/L）的起泡葡萄酒。

③干高泡葡萄酒：含糖量为 17.1～32.0 g/L（允许差 3.0 g/L）的起泡葡萄酒。

④半干高泡葡萄酒：含糖量为 32.1～50.0 g/L 的起泡葡萄酒。

⑤甜高泡葡萄酒：含糖量大于 50 g/L 的起泡葡萄酒。

8.2.3 按 CO_2 来源分类

①酒中二氧化碳由第一次酒精发酵后残糖发酵所得。

②酒中二氧化碳由苹果酸—乳酸发酵所得。

③酒中二氧化碳由第一次酒精发酵后加糖再次发酵所得。

④酒中二氧化碳由人工充入。

起泡葡萄酒具有多种分类方式，除上述分类方式外，还可按原酒颜色、生产方式等进行分类。

8.3 起泡葡萄酒的酿造工艺

起泡葡萄酒的酿造工艺主要有传统法、罐式发酵法、加气法、原始酿造法、转移法和连续法，其中前 3 种方法较为普遍。原始酿造法因其酿造过程难以控制，成本较高，故采用得不多。转移法与传统法相近，更像是传统法与罐式发酵法的结合。连续法被称为迄今为止最奇怪的起泡酒生产方法，除了德国、葡萄牙以及俄罗斯的几家大公司外，没有多少生产商使用此法。本章仅重点介绍传统法、罐式发酵法和加气法的生产工艺。

8.3.1 传统法

葡萄原酒→调整原酒成分（补糖及其他辅助剂）→加酵母液→装瓶、压皇冠盖密封→瓶内二次发酵（低温）→陈酿→上斜架、定时转瓶、酒泥沉降→瓶颈速冻、吐渣→压塞上丝扣→起泡葡萄酒（图 8-1）。

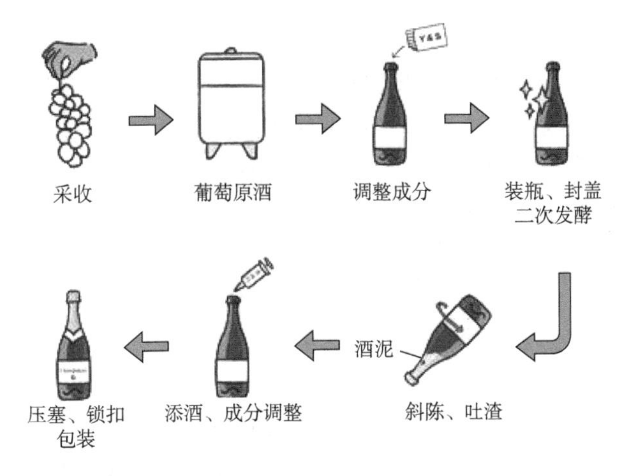

图 8-1　传统工艺法

操作要点：

1. 葡萄原酒

葡萄原酒可不经过苹果酸—乳酸发酵，但必须及时分离转罐，以利于其澄清。有时还采取冷处理以利于葡萄原酒澄清。为防葡萄原酒氧化，须充氮或充二氧化碳贮藏。葡萄原酒在装瓶前必须经过过滤，防止其他杂菌的污染对起泡酒的品质造成影响。

2. 调整成分

要保证瓶内二次发酵和去除沉淀的顺利进行，在装瓶前还必须加入糖、酵母及其他辅助物。

（1）加糖

要保证起泡葡萄酒二氧化碳的压力符合质量标准，需要加入糖，可以添加葡萄汁、部分发酵葡萄汁、浓缩葡萄汁、蔗糖等。一般添加 4 g/L 糖可产生 0.1 MPa 的气压。加入的糖量不足，酒中二氧化碳的含量达不到指标要求；加糖量过高，瓶内产生的二氧化碳压力过大，酒瓶易爆裂，以致伤人。因此，准确计算糖的加量和配制糖浆是保证起泡葡萄酒压力符合要求的关键。糖是以糖浆的形式加入的。一般将蔗糖溶解于葡萄原酒中，使其含糖量为 500~625 g/L，且经过过滤除去杂质后加到澄清的原酒中，混合均匀。

（2）添加酵母

二次发酵所需要的酵母特性要求如下：具有在 10℃下再发酵能力；发酵彻底，能产生良好风味；对摇动有适应性；具有良好的凝聚性、耐压性、抗酒精能力。例如，在酒中的二氧化碳压力达 0.2 MPa 以上，酒精含量 10%时能继续进行二次发酵。酵母培养液的添加量为 5%，一般采用耐低温酵母。

(3) 添加辅助物

为了更好地进行二次发酵，需加入有利于酒精发酵的营养物质，主要是铵态氮，磷酸氢铵用量一般为 15 mg/L，也可用 50 mg/L 硫酸铵替代，有的还添加 B 族维生素。为方便澄清和除渣，可加入膨润土（0.1~0.5 g/L）或海藻酸盐（20~50 mg/L）。添加辅助物后，注意混合均匀。

3. 装瓶、封盖

将调整成分后混合均匀的葡萄原酒装瓶，留空隙为 5 cm，并及时封盖。由于皇冠盖比木塞封闭性好、易去除，使酒成熟更缓慢，一般用皇冠盖进行封盖。

4. 瓶内二次发酵

将装瓶的葡萄原酒水平堆放在酒窖中的横木上，进行瓶内发酵。酒窖内温度控制在 12~18℃之间，待发酵到 0.2 MPa 压力时，将酒窖温度控制在 10~12℃之间进行缓慢发酵，要定期检测压力和残糖，堆放时间为 9 个月以上。在这个过程中，酒精发酵产生的二氧化碳溶解在酒中，并且通过酵母代谢形成酒香、酵母自溶形成酵母香。发酵结束后，贮存一年以上，利于死酵母的沉淀和葡萄酒澄清。

5. 斜陈

将陈酿后的葡萄酒，瓶口朝下插在倾斜、带孔的木架上，并隔一定的时间转动酒瓶，进行摇瓶（图 8-2）。每天转瓶 1 次，4~5 周后，随着木架上的酒瓶越来越接近倒立状态，酒中酵母泥和其他杂物集中沉淀于瓶口处，以便除去。酒自然澄清，并伴随着酯化反应和复杂的生化反应，最终使酒的滋味丰满、醇和、细腻。

人工转瓶

转瓶机

图 8-2 转瓶方式

6. 吐渣

从酒架上取下酒瓶，将瓶颈垂直倒放于-12~-20℃的冰中，浸入高度可以根据瓶颈内聚集沉淀物的多少而调节，使瓶口的酒液和沉积物迅速形成一个长冰塞，即沉淀物冻结于软木塞或瓶盖上。将瓶子握成 45°斜角，瓶口迅速开塞或去盖，利用瓶内二氧化碳的压力将冰塞状沉淀物顶出。低温可减少二氧化碳的逸出，但排渣时仍损失二氧化碳 0.01 MPa 的压力。

7. 添酒、调整成分

排渣时会造成起泡酒的损失，以同类原酒补充喷出的酒液，一般补量为 30 mL 左右（3%的量）。添酒操作要在低温室进行（5℃左右）。一般按照生产类型和产品标准，加入糖浆、白兰地、防腐剂来调整成分。生产半干、半甜、甜型起泡酒可用同类原酒配制的糖浆补充，使酒的糖酸比协调，并在调糖浆的同时加 80~100 mg/L SO_2。

8. 压塞、锁扣

成分调整后迅速用专用软木塞封口，并用金属扣（如铜、铁丝）将软木塞固定扎牢，以免软木塞受压冲出瓶口。

9. 包装

对起泡葡萄酒贴标，在标签上须标注产品名称、产品年份、产品体积和产品类型。

8.3.2　罐式发酵法

葡萄原酒→调整原酒成分（补糖及其他辅助剂）→加酵母液→保压罐内二次发酵（低温）→搅拌陈酿→澄清→冷冻→装瓶。

操作要点：

1. 发酵罐规格

葡萄原酒的二次发酵在发酵罐内进行，罐容量一般为 3~10 t 不等，耐压能力为 0.9 MPa。发酵罐为带有冷却带的不锈钢罐，罐体外部有保温层，并配装压力计、温度计、安全阀、加料阀、出酒阀等设施，有的还配备低速搅拌器。

2. 二次发酵

原酒及配料从发酵罐底部进入，装液量为 95%，留下 5%的空隙作为发酵过程中体积膨胀所占的体积。加糖量为 24 g/L，可以把糖溶解于葡萄酒中制成 500~625 g/L 的糖浆后加入。由于在较高温度下，二氧化碳在酒中的溶解度降低，故进行低温发酵。控制发酵温度在 12~15℃之间，密闭罐内发酵时间一般为 1 个月，压力达到 0.6 MPa。发酵结束后通过搅拌使葡萄酒与酵母接触，促进酵母自溶。

3. 冷冻

当发酵液各项指标达到要求时，加膨润土进行澄清处理。通过夹层冷却，将二氧化碳饱和的葡萄酒冷却到-6℃，保持 10~15 d。趁冷等压过滤到另一罐中，使酒液澄清透明。罐事先用二氧化碳充气备压，防止空气混入而使酒老化。

4. 调整成分

澄清的葡萄酒根据产品质量要求，加入糖浆调整糖度，补充二氧化硫。

5. 无菌过滤

在等气压下通过离心或板式过滤机处理，达到无菌目的。

6. 等压装瓶

在最后一次过滤后，对葡萄酒进行搅拌，以使其质量均匀，然后进行等压灌装。为获得等压条件，可使用惰性气体或压缩气体。

7. 贮藏

贮藏和成熟过程的温度为 12~14℃，在冬季要再低一些。

8.3.3 加气法

这类酒可以不用原酒二次发酵的方法获得，而采用在葡萄酒中人工充入 CO_2 的方法。此方法生产的葡萄酒，泡沫粗、持久性差，但成本很低。如果采用质量好的原酒，经细致加工也能生产出好的起泡酒。

加气起泡葡萄酒的生产特点是将葡萄酒冷却至冰点附近，采用气水混合器或气水填料塔，使葡萄酒被 CO_2 饱和达到平衡，混合机压力为 0.5 MPa，在低温下使 CO_2 饱和时间为 48 h，然后在低温、加压下过滤、装瓶灌装。当然，也可采用先过滤再充气的方式生产。根据加气起泡葡萄酒的生产流程，其操作要点如下。

1. 原酒的调配

在原酒中加入白兰地或精馏酒精调整酒精度，加入蔗糖调节糖度，加入柠檬酸调整酸度，可加入特制的香料调香。同时加入 SO_2，使总 SO_2 含量达到 80~100 mg/L。

2. 冷冻过滤

冷冻的目的是使原酒中的果胶、蛋白质等不稳定物质在低温下充分凝结下沉。冷冻温度为-4℃，保持 8~15 d，趁冷过滤。

3. 气液混合

由于温度较高时 CO_2 在酒中的溶解度降低，在葡萄酒冰点左右，采用气水混合器或气水填料塔，使葡萄酒被 CO_2 饱和并保持一定时间，达到要求的压力。

4. 装瓶、压塞、捆扣

将 CO_2 饱和后的酒液装入瓶中，压塞、捆扣与瓶式发酵法相同。

8.3.4 影响起泡葡萄酒品质的因素

1. 原酒

原酒是影响起泡葡萄酒品质的最主要因素，尤其是对二次发酵过程的影响，这主要与葡萄品种及成熟度有关。不同品种及成熟度的葡萄所酿原酒的营养成分（如氮源）、pH 值、乙醇含量有较大差异，而这些因素均会显著影响酿酒酵母的生长及发酵速率，从而影响其二次发酵进程。此外，不同原酒中化学成分及挥发性化合物前体物的不同也会导致所酿起泡葡萄酒起泡特性及香气品质的差异。

2. 酿酒酵母

酿酒酵母是影响起泡葡萄酒瓶内二次发酵过程的重要因素，主要是对二次发酵动力的影响。二次发酵过程中，酵母的生长及其代谢活动会被一些特定的应激因子影响，因此用于起泡葡萄酒生产的酵母菌株要有一些必不可少的关键特征，如对乙醇、高压和低温环境具有一定抗性。不同酵母菌株及不同预先活化方式培养的相同酵母菌株在克服其所处恶劣基质条件（即原酒中的抑制因子）及环境条件（如温度）方面存在显著差异。此外，不同酵母菌株在发酵过程中生成的不同酯类物质也会影响起泡葡萄酒的香气品质，因此酿酒酵母所具有的酿造学特性是起泡葡萄酒品质和感官风格的决定性因素。

3. 发酵温度

所有外部因素中，温度是影响瓶内二次发酵过程及起泡葡萄酒品质最主要的外部因素。研究表明，二次发酵过程中，较低发酵温度会降低酵母的发酵速度，但其在所研究的各条件（有氧有糖、有糖厌氧、无糖有氧）下均能完成发酵，说明低温下微生物细胞可在一个较长的时期内维持其代谢活动。但也有研究表明较低发酵温度虽会降低酵母生长及发酵速度，但也会提高其生存能力，并改善葡萄酒的口感及香气品质，而二次发酵温度对于起泡葡萄酒挥发性香气化合物的影响有待进一步研究。此外，低温下 CO_2 在酒中的溶解性增强，导致 CO_2 含量不变的情况下压力降低，从而减弱压力对于酵母生长及发酵的抑制作用。

4. 带酒泥陈酿

（1）起泡葡萄酒的带酒泥陈酿过程

高品质的起泡葡萄酒需要遵循传统法或“香槟法”在密封瓶内进行二次发酵及带酵母酒泥陈酿，如法国的香槟、西班牙的卡瓦及意大利的腾龙等。带酒泥陈酿过程中，酵母在酶的作用下发生自溶，并释放甘露糖蛋白、葡聚糖、蛋白质、多糖、多肽及游离氨基酸等物质，从而使起泡葡萄酒的成分发生显著变化。酵母自溶是葡萄酒酿造过程中一种常见的现象，常发生在发酵结束后酵母细胞与酒液接触的陈酿阶段。其过程受很多因素的影响，一般来说影响酵母生存的因素都可影响酵母自溶。其中，酵母性能是一个主要的内在影响因素，不同酵母的 β-葡聚糖酶活性不同，其自溶能力也不同，合适的酵母菌株有利于提高酒泥陈酿的速度和起泡酒的品质。在避免过多的酵母给酒体带来酵母味的前提下，可通过增加酵母接种量来增加酵母酒泥的含量，缩短陈酿时间，提高起泡葡萄酒的品质。此外，随陈酿时间的延长，酒中发生的一系列生化反应也会导致其成分的变化，其中最主要的是蛋白质的水解反应，酒中的蛋白质首先降解为大分子的疏水性多肽，随着陈酿时间的延长继续水解为疏水性较弱的短肽，最终形成游离氨基酸。因此，起泡葡萄酒的品质也会被带酒泥陈酿时间所影响。

（2）对起泡特性的影响

泡沫是区分平静葡萄酒与起泡葡萄酒的最主要特征，也是品尝者与消费者接收到的第一感官属性，且决定起泡葡萄酒的最终品质。起泡葡萄酒的起泡特性主要取决于酒中的化学成分。起泡葡萄酒陈酿过程中酵母自溶释放的多种物质及酒体内发生的一系列生化反应均会改变酒中的成分，从而影响其泡沫数量及稳定性等起泡特性。有研究表明游离氨基酸、多糖及蛋白质含量对于西班牙起泡葡萄酒的起泡特性参数有积极影响，但是酒样中多肽含量与其起泡特性无关。此外，起泡葡萄酒的起泡特性也会被带酒泥陈酿时间所影响。然而，由于多酚、氨基酸、蛋白质、多肽及脂肪酸之间的相互作用会影响起泡葡萄酒的感官品质及其起泡特性，因此也需考虑酒样成分的复杂性及其相互关系。研究表明起泡葡萄酒泡沫中大分子和小分子物质间的协同作用可促进气泡的形成及稳定（包括蛋白质和多糖）。

（3）对香气品质的影响

起泡葡萄酒陈酿过程中，酵母的自溶导致酒中成分发生显著变化，尤其是对产品最终品质有较大影响的挥发性香气成分。此过程中，不同的酶和化学反应会导致一些香气成分的形成或降解，而其他成分则被释放于酒中，导致起泡葡萄酒香气品质的改变。另一方面，一些香气化合物会被酵母泥吸附，从而减少其在陈酿起泡葡萄酒中的含量，尤其是疏水性成分。Gallardo-Chacon 等确定了起泡葡萄酒二次发酵过程中被酒泥吸附的香气成分，并发现酯类、醛类及萜烯类化合物均会被吸附于酒泥表面。吸附作用不仅取决于挥发性化合物的物理化学特性，还与酵母细胞壁的结构有关，而且酵母泥表面对香气化合物的吸附作用是可逆的，所以酒中的香气成分在长期陈酿过程中会发生变化。因此，酵母菌株及陈酿时间会显著影响泡葡萄酒中挥发性香气化合物的种类及含量。

第9章　低醇山葡萄酒

9.1　低醇葡萄酒概述

低醇葡萄酒是指采用新鲜葡萄或葡萄汁经全部或部分发酵，通过特殊工艺处理，脱去部分酒精，酒精度为1%~7%（体积分数）的葡萄酒。低醇葡萄酒是严格遵循葡萄酒的生产工艺酿造而成的、具有完全成品意义的葡萄酒类产品。自20世纪70年代起，低醇葡萄酒便逐步进入了消费市场，然而在兴起初期，低醇葡萄酒一度被认为是品质低劣的葡萄酒，需求量较低。近年来，随着对健康方面关注的提高，人们重新考虑了饮酒的习惯。有研究表明，每人每周的酒精摄入量不应超过100 g，高于此阈值会增加患心血管疾病的风险。再者，年轻人与妇女饮酒人数在不断增加，此类消费群体更加偏好于低酒精含量的饮品。因此，低醇葡萄酒被越来越多的消费者所接受，迎来了迅速发展的新时期。据统计，在法国、美国、新西兰等国家低醇葡萄酒均占有良好的销售市场，其中美国的年产量达到50万箱，销售收入突破2亿美元。

9.2　低醇葡萄酒的生产方法

随着科技的进步，用于生产低醇葡萄酒的脱醇技术逐渐发展与完善，不同的脱醇技术由于原理、设备及工艺的不同，所生成的产品也各有优缺点，如今应用于葡萄酒脱醇的技术根据脱醇原理不同可主要分为两大类，即物理脱醇法与限制发酵法，表9-1综述了低醇葡萄酒主要生产方法。

表9-1　生产低醇葡萄酒的方法概述

原理	脱醇方法	优缺点
物理脱醇法	热法：蒸发和蒸馏；旋转椎体法；冷冻法；分子蒸馏法	处理时间短，但易挥发组分随乙醇蒸发，香气损失较多，部分方法成本高
	膜法：反渗透；渗透蒸发	香气损失较少，且设备成本低
	萃取：有机溶剂萃取；超临界二氧化碳萃取	产品质量好，但成本较高，设备投资昂贵
	吸附：多孔树脂；硅胶	品质较好但不适合大规模生产

续表

原理	脱醇方法	优缺点
限制发酵法	降低发酵糖：选用未成熟的原料、中止发酵	自然酒度较低，但香气不足，酸度高，残糖含量高，限制葡萄酒风格
	酶法：如葡萄糖氧化酶	香气、口感较好，但影响酒的颜色，且技术有限
	筛选特殊酵母：如罗德酵母	选育特殊酵母较困难

9.2.1 物理脱醇法

物理脱醇法是在葡萄酒酿成后利用一些仪器或手段使酒精从酒体中分离出来，根据工艺的不同又可细分为热处理法、膜渗透法、萃取法、吸附法等。

1. 热处理法

蒸馏法（distill）是低醇葡萄酒生产中最常用的脱醇方法，通过加热脱去酒精，酒精的沸点为78.3℃，在常压条件下（1个大气压）升温至酒精沸点温度，即可使酒精蒸发，与酒液分离。常压蒸馏法（atmospheric distillation）最早用于制备无醇啤酒，后也用于低醇葡萄酒的生产，但由于该工艺需要加热，在脱醇过程中会使部分芳香物质随乙醇被一同除去，导致风味物质损失严重，且加热产生的蒸煮味较难修正掩盖。

减压蒸馏（reduced pressure distillation，FRPD）是指采用离心式真空蒸发设备降低加热温度，缩短处理时间，优化芳香物质的回收工艺，能够改善低醇葡萄酒的感官质量。此外，减压蒸馏法也是无醇果酒生产中的常用方法。旋转锥塔法与分子蒸馏法也属于减压蒸馏的一种方法。

旋转锥塔（spinning cone column，SCC）是一种蒸馏或汽提蒸馏塔（图9-1），在真空状态下通过蒸汽来提取液料中的挥发性成分。该方法首发于美国，近年在澳大利亚得到了改良与广泛应用，并大规模投入到低醇葡萄酒的生产中。旋转锥塔系统的优点是处理时间短，效率高，热损伤较小，对回收的香气成分可进行回添再利用，且回收的乙醇浓度较高，可直接利用。但该设备十分昂贵，只适用于实验室小规模生产。SCC的主体是一根不锈钢容器，其内部含有一个中心转轴及一系列交替堆叠的或旋转或固定的椎体。待加工的酒类产品，如啤酒或葡萄酒，从容器上部注入，流经第一个静止椎体的上表面时，形成一层液体薄膜，这层液体薄膜随即流入第二层旋转椎体。中心转轴产生离心力，使得流入第二层椎体的液体从其边缘溢出，并形成新的液体薄膜，流入第三层静止椎体。这一过程将反复多次。原料酒在主体中流动的同时，从容器下部注入蒸汽。实际加工中，这些蒸汽由原料酒自身产生，所以不会带入额外的水分。蒸汽在椎体中向上运动，与液体薄膜发生接触并带走其中的酒精。整个分离过程不超过 25 s。

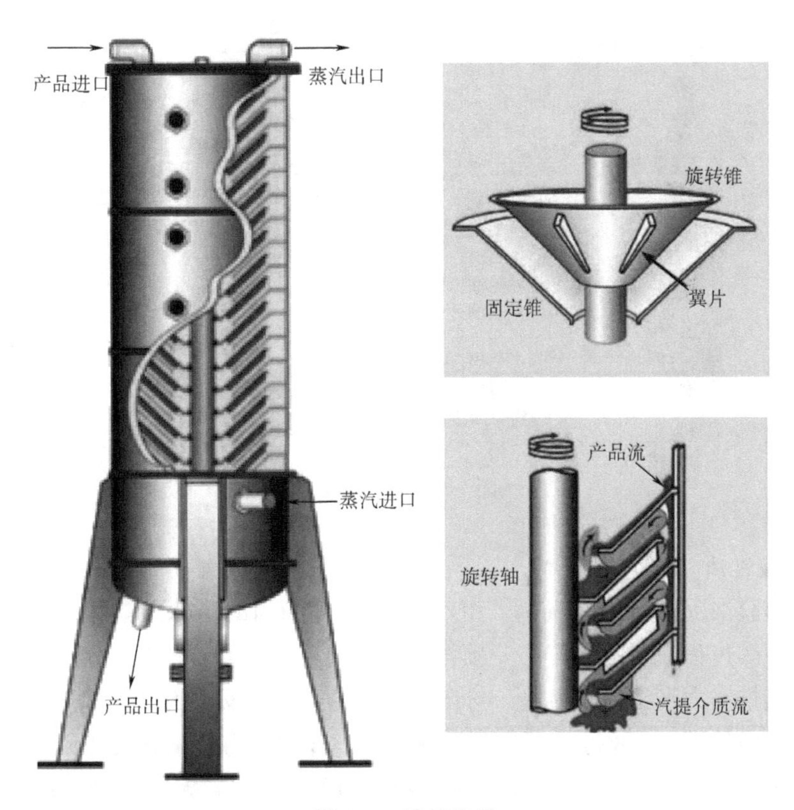

图 9-1　旋转锥塔

分子蒸馏法（molecularly distilled，MD）是指采用刮膜式分子蒸馏器对葡萄酒进行脱醇加工。刮膜式分子蒸馏器由进料系统、蒸发系统、冷凝系统、真空系统、恒温系统和控制系统等构成一个完整的分子蒸馏装置（图 9-2）。酒液从进料器经计量后进入分子蒸馏装置，在刮膜器的高速转动作用下，均匀分布于加热蒸发面上，蒸发面由导热油精确控温。酒液在蒸发面上被加热，在高真空条件下，易挥发组分被中间的冷凝器冷凝成液体，沿着冷凝器流入轻组分收集瓶，为了防止挥发物进入真空系统，须在管路上设置冷阱，冷阱中加入液氮作为深冷剂。酒精为葡萄酒中的较轻的组分，被冷凝在中间冷凝器的壁面上，靠重力作用逐渐流入底部馏出物的轻组分收集瓶中，而其他成分流入重组分收集瓶中。分子蒸馏脱醇可以很好地保留葡萄酒中的风味物质，但成本较高，现阶段尚属于实验室规模生产，不适合大规模生产。

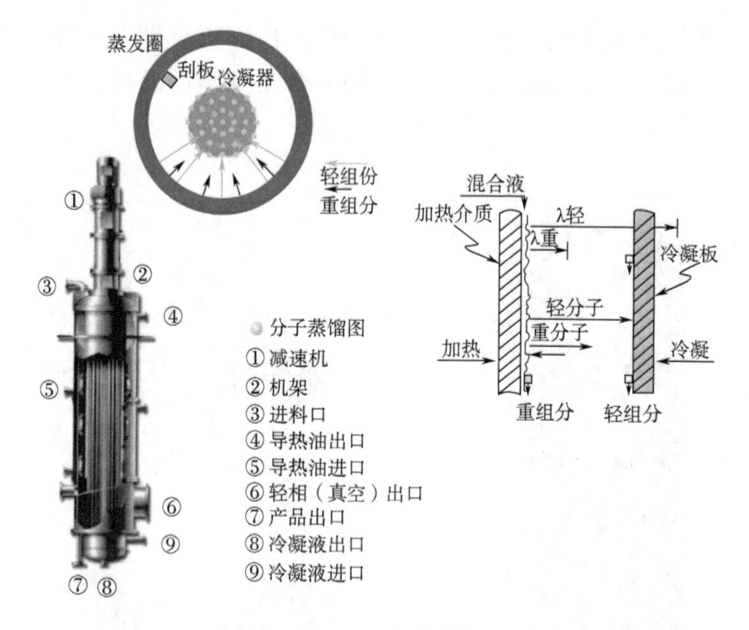

图 9-2　分子蒸馏

2. 膜渗透法

反渗透膜法（reverse osmosis，RO）对低醇葡萄酒的风味影响相对较小，是目前葡萄酒脱醇过程中应用最广的一项技术（图 9-3）。反渗透法使溶剂从溶液中分离出来，其推动力来源为压力差，与自然渗透的方向相反，因此又称逆渗透。即葡萄酒在高压条件下，一些小分子物质如水、乙醇及少量有机物在高压泵的推动下透过孔径非常细小的膜（截留分子量 100 Da），而分子量比较大的其他成分则被拦截。反渗透膜法的缺点是膜分离过程中有些香气成分随乙醇渗出，影响葡萄酒品质，而且整个操作中由于水分的散失，必须不断地向葡萄酒中回添大量纯水，否则当酒中的酒精含量降到 5%时，过滤速度便会大大降低使操作无法继续进行。但该方法加水的操作牵涉到是否合乎法规的问题。

渗透蒸发膜法（membrane permeation and pervaporation，MPP）又称渗透汽化法，即在渗透蒸发膜两侧组分的蒸汽分压差作用下，使液体混合物部分蒸发（图 9-4）。相较于其他膜分离方法，渗透蒸发膜为无孔膜，通过抽真空或通以惰性气流使膜的另一侧渗出组分的蒸汽分压接近于 0，乙醇及某些易挥发疏水组分扩散通过膜并在膜表面汽化，经过冷凝器冷凝回收，为了增大乙醇蒸汽的分压差，葡萄酒一侧需要加热，一般控制在 40℃以下。渗透蒸发膜具有高选择性，可分为让液体中以水为主体的成分透过的亲水膜和让液体中有机物透过的疏水膜。生产低醇葡萄酒常用的是硅橡胶（如聚二甲基硅氧烷）、聚偏氟乙烯、聚丙烯一类的疏水膜。渗

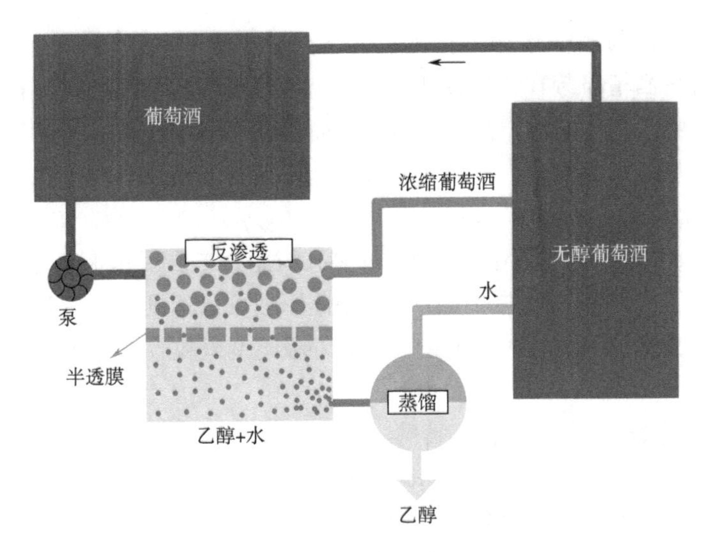

图9-3 反渗透膜法

透蒸发膜法的优点是可在常压下进行，没有浓差极化现象，膜的使用寿命较长。缺点是脱醇处理后，葡萄酒中的各个成分均有不同程度的降低，香气变弱、口味变淡，由于处理过程中有较长时间的热处理，会产生一定程度的老熟、焦糊味。

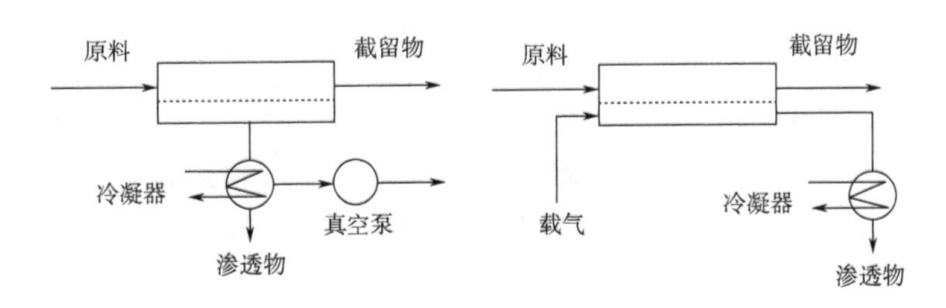

图9-4 渗透蒸发膜法

3. 萃取法

有机溶剂萃取法（organic solvent extraction）常用的萃取溶剂有乙烷、戊烷，萃取方法根据萃取物不同分为两种，一种是原酒萃取，另一种是部分萃取葡萄酒经蒸发后含有乙醇和香气组分的冷凝物。这两种方式的缺点是溶液中都存在大量的香气组分，而且热损伤大，尤其是在提取过程中容易溶剂残留。这种方法不适合工业化生产。

超临界萃取法（supercritical carbon dioxide extraction）近年来被广泛应用，作为一门新兴的化工分离技术，它的萃取原理是利用流体处于超临界状态时具有很强的溶解能力，而黏度又很低的特性来分离某一物质。超临界二氧化碳萃取是在高压下使超临界二氧化碳与酒液接触进行萃取，然后分离出萃取了酒精的超临界二氧化碳，萃取后可将酒精与芳香成分分开，芳香物可回添到葡萄酒中。与传统蒸馏萃取法相比，超临界二氧化碳萃取法具有后处理简单、无溶剂残留、产品纯度和品质高等特点。但缺点是成本较高，在工业中批量使用受到限制。

4. 吸附法

吸附法（adsorption）是指采用苯乙烯多孔树脂、二乙烯基苯聚合物、硅胶、活性炭或硅沸石等材料对乙醇进行吸附，利用此原理可以达到脱醇的目的。但这种方法仅适合于实验室，不适合大规模生产。另外吸附剂微粒容易进入酒液造成污染。

9.2.2 限制发酵法

限制发酵法（restricted fermentation）是在发酵前或在发酵过程中采用一些技术或手段对原料或发酵醪进行处理，从而限制乙醇的最终生成量，包括降低发酵糖、终止发酵、酶处理法、特殊酵母发酵法等。

1. 降低发酵糖、终止发酵法

已达到生理成熟，同时含糖量相对较低的葡萄原料，在传统生产条件下酿造而成的葡萄酒的自然酒精度较低（一般 8%~8.5%），虽然这种降低发酵糖的方法能保留葡萄酒主要的感官特征，但仍存在香气不足、含酸量偏高等问题，而且需要后续的脱醇工艺处理继续降低含醇量才能达到低醇葡萄酒的要求。

终止发酵法则是在葡萄酒发酵过程中，改变发酵参数、添加某些试剂或通过某些操作使酵母菌终止酒精发酵，减少乙醇的生成，如加热、加入二氧化硫、离心分离菌种后再加入二氧化硫的方法。此法缺点是明显限制了葡萄酒的风格，且由于葡萄酒中残糖含量较高，只能生产低醇甜型葡萄酒，后期常通过巴氏灭菌法或添加二氧化硫进行稳定处理。

2. 酶处理法

利用酶处理技术可生产低醇葡萄酒，如葡萄糖氧化酶是一种需氧脱氢酶，在有氧条件下能把葡萄糖催化氧化成携带分子氧的葡糖内酯，葡糖内酯通过非酶促反应可以直接水解成葡萄糖酸，葡萄汁中所含的发酵糖大约 50% 为葡萄糖，50% 为果糖，因此经葡萄糖氧化酶处理可以减少将近 50% 的乙醇生成量。此法的优点是对葡萄酒香气影响较小，但用葡萄糖氧化酶处理的酒，葡萄糖酸含量较高，导致口感偏酸，后期常添加辅料甜味剂或葡萄浓缩汁来调节复原其口感平衡性，所以在许多国家不允许向葡萄酒中添加葡萄糖氧化酶。

3. 特殊酵母发酵法

酿酒酵母是葡萄酒发酵过程中的主要酵母，但也有部分特殊酵母参与其中，例如非酿酒酵母，不仅将糖转化为乙醇与二氧化碳，还经过一系列其他复杂的生化反应产生甘油、杂醇、酯类和醛类等物质，这类酵母可以减少乙醇的生成。还可以在控制氧气含量和发酵参数的条件下，培养一些特殊酵母，使一部分乙醇转化为二氧化碳和水，从而降低乙醇生成量。此法对葡萄酒品质影响较小，但选育特殊酵母较为困难，例如非酿酒酵母在发酵过程中的存活状况由多种因素共同影响，如酒精含量、发酵温度、葡萄浆的营养状况、二氧化硫含量及存在的酵母菌种类与数量等，而且在发酵过程中对氧气要求极为严格。此外，非酿酒酵母对葡萄酒风味质量的影响仍具有很多不确定因素，有待深入研究。

9.3　小结

与全浓度葡萄酒相比，低醇（无醇）葡萄酒的感官质量下降，尤其是滋味不平衡，酒体不丰满。另外，酒度低于 6%（*V/V*）的葡萄酒，其口感近乎处于传统葡萄酒与葡萄汁之间，因此经常被人们看成是类似酒的饮料。这些感官质量的损失是由生产低醇（无醇）葡萄酒的过程和降低乙醇含量所导致的。在降醇过程中香气组分损失，尤其热法技术香气损失更大，而萃取则是保留香气组分最好的方法。此外，在降醇的过程中部分酸和盐也被除去，更影响感官特性。热法之所以被批评是因为它有时还表现出不愉快的煮熟味及其他异味，而 RO 法滋味强度降低，葡萄酒特征不明显。为了克服这些不足，热法和膜技术在过去几年里已经有了一定的使用，然而，不管采取哪种方法，随着乙醇浓度降低幅度的增加，香气的损失及其他滋味成分的改变就会变大。乙醇和葡萄酒本身的感官属性以及热法的影响在口感和香气的改变方面充当重要的角色。随着降醇量、酸度、苦涩味的增加，经常出现口感不平衡，乙醇的圆润感与和谐性逐渐丧失的情况。另外，随着乙醇浓度的降低，低醇（无醇）葡萄酒的酒体逐渐丧失。因此，低醇葡萄酒的感官属性取决于酒精度的变化，同时要进行香气调节才能满足低醇（无醇）葡萄酒的感官质量和可接受度。

尽管已经有很多方法来改进低醇（无醇）葡萄酒产品的感官特征，但是缺乏一种规范正规的感官评价标准。近些年，在改善无醇葡萄酒质量方面有所进步，例如，在真空条件下，降低热处理温度，可减少煮熟味；从葡萄酒中分离香气组分，再反加到葡萄酒中的方法现在已经得到了广泛应用，并且几乎可以无损失地保持香气质量和葡萄酒的特征。将全浓度葡萄酒与果渣清洗液、果汁或浓缩汁等混合，对香气及口感平衡性来说非常有利，这些辅助物的添加会提高酒的残糖量，所以一般只限于生产非干类型低醇葡萄酒。还有其他重要的参数影响低醇（无醇）葡萄酒的感官质量，例如酚和二氧化碳的含量、无糖干浸出物、糖酸比例和果汁香气等。

第 10 章　冰山葡萄酒的酿造

10.1　冰葡萄概述

冰葡萄酒起源于 1794 年冬季的德国弗兰克地区，当时由于葡萄园突然遭遇早霜，农民试着把半结冰的葡萄压榨出汁再发酵酿酒，居然出乎意料地酿出一种具有独特风味的葡萄酒。

根据国家标准 GB/TF 25504—2010 的描述，冰葡萄酒（icewines）是指将葡萄推迟采收，当气温低于-7℃时使葡萄在树枝上保持一定时间，结冰状态采收，并在结冰状态下压榨、发酵、酿制而成的葡萄酒（在生产过程中不允许外加糖源）。冰葡萄酒按颜色分为红冰葡萄酒和白冰葡萄酒。白冰葡萄酒的色泽主要呈现出淡黄色、金黄色或深金色；红冰葡萄酒的色泽则是棕红色、宝石红色以及砖红色。冰葡萄酒应澄清、具有光泽、无明显悬浮物质，整体香气应具有纯正、丰腴、优雅、和谐的干果香、蜂蜜香及酒香。采用不同葡萄品种酿造出的冰葡萄酒具有风格明显、个性突出等特点，陈酿型的冰葡萄酒一般还具备酯香或橡木香气等特点。

葡萄与葡萄酒国际组织（OIV）规定冰酒是新鲜葡萄果实在葡萄园中的自然条件下结冰、采收，并在结冰状态下压榨、发酵、酿制而成的葡萄酒，并要求原料采收和压榨温度小于或等于-7℃，冰葡萄汁的最低潜在酒精度为 15%（*V/V*）（相当于 25. 3°Brix），最低酒精度为 5. 5%（*V/V*），挥发酸低于 2. 1 g/L，而且所有的葡萄原料必须来源于同一产区。葡萄果实在树体上自然经受过熟冻融过程（包括失水干化和反复冻融），然后经低温带冰压榨获得的冰葡萄汁中具有浓缩的糖分、有机酸、香气和多酚等风味物质，独特的加工方式赋予了冰酒甜香、蜂蜜香、干果香和焦糖香等特殊的风味。冰葡萄酒的生产极度依赖特殊的自然条件和加工工艺，产品风味独特，广受消费者喜爱，被誉为“液体黄金”。

目前，全球范围内生产冰酒的国家包括加拿大、德国、中国、奥地利、美国、斯洛文尼亚、卢森堡、克罗地亚、捷克共和国、匈牙利等，其中加拿大是世界上最大的冰酒生产国。近年来，国内葡萄酒产业发展迅速，形成了辽宁桓仁、吉林鸭绿江河谷、云南德钦、新疆伊犁河谷和甘肃河西走廊等多个具有区域特色的冰葡萄酒产区，特别是分别以“威代尔”和“北冰红”（*V. amurensis*×*V. viniferacv.* Beibinghong）酿造冰白和冰红葡萄酒的桓仁产区和鸭绿江河谷产区为代表。其中，桓仁产区的冰葡萄种植面积达 2.56 万亩，年产冰酒超过 3000 吨，以张裕和五女山等为代表的“桓仁冰酒”已经成为国家地理标志保护产品，桓仁产区也被国家标准委员会认定为“国家冰酒葡萄综合标准化示范区”；而鸭绿江河谷产区的“北冰红”种植面积超过 5000 亩，年产冰酒可达 500 吨。“北冰红”在产区种植无需埋土防寒，是世界上目前唯一一种可以直接压榨、酿制出红色冰酒的酿酒葡萄，是我国目前唯一表现优异的中国本土品种，以“北冰红”为原料酿造的冰酒是真正意义的“中国风土、中国味道”。

10.2　冰山葡萄酒的酿造工艺及影响因素

冰山葡萄酒的酿造工艺与山葡萄酒的酿造工艺基本相同，不同之处在于：一是酿造过程中不允许加糖，只能利用葡萄本身的糖分进行发酵；二是经过压榨除去皮渣后，只发酵葡萄汁；三是发酵过程采用低温发酵（15℃左右）；四是当发酵达到所需酒度和糖度时，需人工终止发酵。

10.2.1　冰山葡萄酒的酿造工艺

1. 采摘分选

冰葡萄的采摘受气候条件影响很大，恰当的采摘温度和时间对冰葡萄酒的品质非常重要。冰葡萄汁中糖分随温度变化而改变，在-7～-13℃时，糖分为 33%～52%。由于过低的温度会大大降低冰葡萄的压榨出汁率，同时破坏葡萄中的营养成分和风味物质，因此，最理想的采摘温度为-7～-13℃，因为冰葡萄在此温度下可获得最理想的糖度和风味。当葡萄达到此采摘温度时间时，需要人工小心仔细地采摘，将生青、病腐果剔除，然后立即压榨。

2. 压榨取汁

在压榨过程中，外界温度必须保持在-8℃以下，同时进行 80 mg/L 的 SO_2 处理。想要压榨出冰葡萄酒的黏稠汁液需要施加较大压力，榨出来的葡萄汁只相当于正常收获葡萄的五分之一，但浓缩了很高的糖、酸和各种风味成分。一般情况下，浓缩葡萄汁含糖量为 320～360 g/L（以葡萄糖计），总酸为 8.0～12.0 g/L（以酒石酸计）。

3. 控制发酵

在冰葡萄酒酿造过程中，控温缓慢发酵是一个关键工艺环节，不同发酵温度影响着冰酒的品质。通过发酵试验发现温度为 5℃时，酵母活性受到很大抑制，发酵原酒糖度高、酸度高、酒度低、酒体不协调。当发酵温度大于 10℃时，随着温度的升高，发酵原酒的酒度和挥发酸明显增加，总糖含量减少，削弱了冰葡萄酒甜润醇厚的典型性。综合考虑，冰葡萄酒发酵温度控制在 15~20℃ 为宜。将冰葡萄汁升温至 15℃ 左右，接入活化的酵母进行控温发酵数周。当酒度达到 9%~14%（*V/V*）时，添加 SO_2，调整游离 SO_2 含量至 40~50 mg/L，终止发酵，同时将温度降到 5℃ 以下。

4. 后处理及装瓶

发酵原酒经数月桶藏陈酿后，用皂土澄清、过滤。同时调节游离 SO_2 含量至 40~50 mg/L，然后经冷冻处理、除菌过滤、无菌灌装，得到成品冰葡萄酒。

10.2.2 冰山葡萄酒酿造的影响因素

1. 山葡萄品种

葡萄酒的风味和特征主要是由所选用的酿酒葡萄品种决定的。选择葡萄品种既要考虑是否具有典型的风味，又要兼顾经济性。不同品种的葡萄酿造的冰酒，在理化性质及风味等方面会呈现出较大的差异。目前，适合酿造冰山葡萄酒的品种主要是北冰红葡萄。其酿造的冰酒具有浓郁的蜂蜜和杏仁复合香气，幽雅回味绵长，酒体平衡醇厚。北冰红葡萄酒问世以来，相继在“亚洲葡萄酒质量大赛”“中国冰酒巅峰挑战赛”“中国精品葡萄酒挑战赛”等各类赛事中屡获殊荣。

2. 采摘温度

“北冰红”属我国特有品种山葡萄的后代，品种特殊，有差异性，也颇具典型性。即使在严冬它也无需埋土防寒，体现出其优越的抗寒性，并且高酸、高糖，含糖量是普通山葡萄的 3 倍有余，是可酿造冰酒的为数不多的优秀品种之一。

“北冰红”最理想的采收温度在-7~-13℃，采收时间一般选在夜间或清晨，这种条件下的葡萄内部仍存留着不多的、高浓缩的、因其冰点低而未结冰的葡萄汁。

3. 初始糖度

冰酒生产过程中不允许外加糖源，冰葡萄汁的初始糖浓度成为了影响冰酒发酵最主要的因素之一。有研究显示，随着冰葡萄汁初始糖度在 320~400 g/L 范围内的升高，冰酒的酒精度持续下降，残糖不断增加，总酸和感官分值呈先升高后下降的趋势，当初始含糖量<360 g/L 时，发酵结束后残糖较少且远远低于 GB 15037—2006《葡萄酒》的要求（残糖>125.0 g/L），口感发酸；在初始糖度为 360 g/L 时，酒精度为 12.3%（*V/V*），总酸为 11.81 g/L，残糖为 128 g/L，此时冰酒酸甜适中，品质最佳。当初始糖度>360 g/L 时，残糖过多，反而不利于酵母菌的繁殖，所以冰酒的酒精度下降，口感过甜。

4. 酵母接种量

酵母接种量直接影响着发酵时间，适当的酵母接种量有助于启动发酵和减少发酵时间，同时也避免了因为启动时间过长而造成杂菌污染。研究显示，随着接种量的增大，降糖速率也随之增大。在接种量较低时，因为酵母添加量过少，被利用的糖有限，残糖高，酸度和酒度低；在接种量过高时，造成发酵前期细胞大量消耗营养物质，营养很快缺乏，酵母细胞快速老化，导致冰酒酸度和酒度很高，而糖度很低。酵母的添加量与选用的酵母有关，不论是商用活性干酵母还是自筛菌种，在第一次使用时都要经过预实验来确定酵母的最佳使用量。

5. 发酵温度

发酵温度对冰酒的酿造十分重要，温度过低时，酵母菌生长与繁殖速度很慢，无法利用更多的糖分转化为酒精，造成冰酒酒精度过低，残糖含量高，口味甜腻的现象；温度过高又会使杂菌生长旺盛，酒体氧化褐变，发生酸败现象。例如，有研究显示，当发酵温度较低时（如 10℃时），酵母的代谢速率很慢，残糖高，酸度低；发酵温度为 20℃时，酒度高，酸度高，但糖度低；当发酵温度为 16℃时，糖度、酸度、酒度适中，风味好。

北冰红葡萄是利用长白山区的山葡萄嫁接而成，由于长白山地区独特的地理环境和气候条件，培育的北冰红葡萄具有高酸高糖的特点，酿造的葡萄酒富含多种氨基酸。用北冰红葡萄酿制的冰红葡萄酒，其颜色呈深宝石红色，酒体丰满圆润，口感回味悠长，其香气呈浓郁的复合型蜂蜜及果香，极度诱人，具有极好的发展前景。

第 11 章　山葡萄酒的病害与败坏

葡萄酒是一种成分复杂的溶液，从葡萄汁酿成葡萄酒以后，不管是在酒厂的贮藏阶段，还是装瓶以后，它总是在一刻不停地变化着。由于各种微生物在葡萄酒中的生长繁殖，从而使葡萄酒失去原有的风味，这种现象称为葡萄酒的病害；而葡萄酒由于受到内在或外界各种因素的影响，发生不良的理化反应，外观及色、香、味发生改变的现象，称为葡萄酒的败坏。

11.1　葡萄酒的病害与败坏的原因

葡萄酒的病害与败坏的原因主要有以下 5 种：

①工艺条件控制不当。如发酵不完全、残糖含量高，给微生物提供了滋长的营养。

②在发酵和贮存过程中，葡萄酒品温太高，达到了各种有害微生物繁殖最适宜的温度。

③在贮存过程中，由于酒度低［13%（*V/V*）以下］而不能抑制杂菌繁殖。

④葡萄酒中未加防腐剂或防腐剂含量太低，或者杀菌不彻底。

⑤在生产中，原料、设备及环境不符合卫生要求。

11.2　葡萄酒的病害与败坏的检查方法

1. 观其色、闻其香、尝其味

病酒一般具有不透明、浑浊、失光、香气不正、酒味平淡甚至有异杂味等特征。

2. 显微镜检查

若发现大量微生物，则酒已变坏。

3. 测定挥发酸含量

葡萄酒正常情况下挥发酸含量（以乙酸计）不超过 1.2 g/L，若超过 1.2 g/L（山葡萄酒 1.1 g/L），则是葡萄酒病害的征兆。

11.3 葡萄酒的病害及其防治

葡萄酒是由新鲜葡萄浆果或葡萄汁发酵而生产的酒精饮料。葡萄酒的酿造离不开微生物的作用。但当发酵结束后，葡萄酒中残留的微生物就变成了影响葡萄酒品质的因素，必须采取有效措施将这些微生物抑制或除去，如不加以控制，最终会导致葡萄酒的微生物病变，甚至产生酒的败坏。

引起葡萄酒变质的主要微生物有霉菌、酵母、醋酸菌和乳酸菌。当微生物数量很多时，用肉眼就可以观察到，霉菌可以在未发酵的葡萄汁表面、墙壁上以及容器上形成菌膜；酵母、醋酸菌也可在葡萄酒表面上形成菌膜，或引起葡萄酒的浑浊、沉淀；而乳酸菌则只引起葡萄酒的浑浊、沉淀。

11.3.1 酒花病

酒花病是指葡萄酒表面形成一层灰白色的膜，并逐渐增厚，出现皱纹，最终将液面全部盖满。当膜破裂后，分成无数白色小片或颗粒下沉，导致酒液混浊。酒花病不仅会引起葡萄酒变浑，还会降低葡萄酒的酒度和酸度，使葡萄酒口感平淡。同时，由于乙醛含量的升高而具有过氧化味。

酒花病是由葡萄酒假丝酵母（*Candida vini*）引起的。这种酵母大量存在于葡萄酒厂的表土、墙壁以及罐壁和管道中。此外，毕赤氏酵母（*Pichia*）、汉逊氏酵母（*Hansenula*）和酒香酵母（*Brettanomyces*）等都可在葡萄酒表面生长，形成膜。引起酒花病的酵母统称为产膜菌，属好气性微生物。其中假丝酵母可将乙醇氧化成二氧化碳和水，也可将乙醇氧化成乙醛。

引起酒花病的原因主要是葡萄酒在陈酿时，葡萄酒酒度低［<12%（*V/V*）］，并与空气接触，导致产膜菌繁殖。防止酒花病最简单的方法是在陈酿期间保持储酒容器满罐不留空隙，液面覆盖酒精，做好添桶操作，或充二氧化碳或氮气隔氧。如果发现葡萄酒液面出现一层酒花菌时，应立即除去。除去方法：用取样杯轻轻从液面将酒花膜去除或将罐内酒从底阀慢慢抽到另一个罐内，当液面接近罐底时停止抽酒，将带膜的酒排出罐外，并彻底清洗，对此罐进行彻底杀菌。

11.3.2 酸败

酸败是由醋酸菌引起的。起初发病时，酒面出现一层很轻的、不如酒花病明显的灰色薄膜，然后薄膜加厚，逐渐沉入罐底，形成一种黏稠物质，俗称醋母或醋蛾。品尝时有一股醋酸味并有刺舌感。醋酸菌是葡萄酒生产中危害性最大的病害菌。葡萄酒常见的醋酸菌主要是醋酸杆菌。在有氧的条件下，醋酸菌能将葡萄酒中的酒精氧化成醋酸，最后再将醋酸分解成二氧化碳和水。如果在酿酒过程中对醋酸菌重视不够，任其发展，将会使酒变成醋。因此这种菌危害最大，严重破坏酒质。

醋酸菌是好气性微生物，酸败的发生主要有以下原因：葡萄酒与空气长期接触；葡萄酒设备、容器清洗不良；葡萄酒酒度较低；葡萄酒固定酸含量较低（pH>3.1），挥发酸含量较高。

酸败的防治方法主要包括：保持良好的卫生条件；在发酵过程中采取措施，使葡萄酒的固定酸含量足够高，尽量降低挥发酸含量；正确使用 SO_2，以最大限度地除去醋酸菌；严格避免葡萄酒与空气接触；严格控制发酵温度，最高不能超过30℃；陈酿时要注意满罐储存，按时添满不留空隙。

如果山葡萄酒的挥发酸含量高于 1.1 g/L（以乙酸计），则不能以葡萄酒销售，而只能用于蒸馏酒精或作他用。

11.3.3 酵母再发酵

酵母再发酵是指贮存数月后的原酒，到第二年夏季又复发酵。这是由于酒中残糖较高，酵母在温度适合于生长条件时又迅速繁殖起来，出现再发酵事故。如原酒的残糖在 0.5%以下，就不会产生这种问题。此时，可加酵母再进行发酵，使原酒中的残糖降低。发酵终了，随即分离转入贮藏。这样处理后的原酒，等于是新酒，白费了数月贮存时间。当发现原酒的残糖较高时，就应加入酒精，将原酒的酒度调整到 20%（*V/V*）以上，就能防止再发酵。因为酿酒酵母一般抗酒力只能达到 18%（*V/V*），同时，转入低温密闭贮藏，就不会出现再发酵的事故。

当然，陈酿并不是山葡萄酒酿造的必须环节，有时生产的葡萄酒并不需要陈酿。对于此类葡萄酒，如果杀菌不彻底，装瓶后，瓶中会出现微量气泡，且酒体混浊。这主要是残存的酵母仍然进行生命活动引起的。这种情况一般不会出现，但如果遇到这些情况，可以及时将酒回收，重新进行调配、过滤和杀菌等处理。

引起再发酵的酵母菌主要有以下几种。

卵形酵母，其抗 SO_2 能力强，可发酵最后的糖，并在葡萄酒的贮藏过程中存活下来，是引起再发酵的主要酵母菌种。

拜耳酵母，抗 SO_2 能力强，主要引起酒度低于 15%（*V/V*）的葡萄酒的再发酵。

路氏类酵母，是引起经 SO_2 处理后的白葡萄酒再发酵的酵母。它在葡萄酒中形成白色絮状菌落。菌落表面的细胞可通过形成乙醛而结合游离 SO_2，这就更有利于其活动和菌落的繁殖。

毕赤氏酵母，可在葡萄酒表面形成膜，并发酵葡萄糖和果糖，导致葡萄酒挥发酸的升高。

酒香酵母，也可引起葡萄酒的再发酵，并形成具典型鼠尿味的乙酰胺。这类酵母不管在好气还是厌气条件下都很易繁殖，且不需维生素。

11.3.4　乳酸菌病害

乳酸菌一方面可进行苹果酸—乳酸发酵，而有益于某些葡萄酒，另一方面则可分解酒石酸、甘油、糖等成分，分别引起酒石酸发酵病、苦味病、乳酸病、甘露糖醇病等，通常呈现丝状混浊、凝结或粉状沉淀、黏糊状败坏以及容器底部出现黑色浓黏沉淀并带有鼠臭味或酸菜味，使葡萄酒变质败坏。

酒石酸发酵病是乳酸菌将酒石酸分解为醋酸、丙酸和 CO_2。酒石酸发酵病一方面降低固定酸的含量，提高 pH 值，另一方面提高挥发酸的含量，从而使葡萄酒的抗性越来越弱。

苦味病是乳酸菌将甘油分解为乳酸、醋酸、丙烯醛和其他脂肪酸的结果，因此也可称之为甘油发酵病。而苦味的产生，主要是丙烯醛与多酚物质作用的结果，所以苦味病主要发生在多酚含量高的红葡萄酒中。

甘露糖醇病主要是乳酸菌发酵糖的结果，而且根据发酵基质不同，发酵产物也不相同。乳酸菌发酵果糖主要生成甘露糖醇，而发酵葡萄糖则主要生成醋酸或乳酸，因此，又将该病称为乳酸病。染病葡萄酒一方面具乳酸和醋酸味，另一方面具甘露糖醇的甜味，而且固定酸和挥发酸含量增高。

11.3.5　微生物病害的预防措施

微生物病害的发病条件可以分为内部条件和外部条件。内部条件是指葡萄酒中的成分，如多酚类物质、酒度、酸等含量高不利于发病；而 pH 值，糖、含氮物质高则利于病害发生。外部条件主要是指温度、容器管道卫生状况以及是否接触空气，一定范围内温度越高越有利于病害的发生；好气性微生物病害只有在葡萄酒与空气接触时才能发生。所以，为了防止微生物病害的发生，发酵结束后，在葡萄酒贮藏过程中，必须采取以下措施。

1. 保证原料质量

严格控制原料质量，剔除破损霉变的原料。

2. 保持良好的卫生条件

酒厂生产环境及设备、容器具备良好的清洁状态，并采取有效措施进行灭菌。

3. 正确使用 SO_2

在葡萄酒的贮藏过程中，应保持一定的游离 SO_2 浓度，并定期进行检验、调整。

4. 正确进行添罐、转罐

在发酵结束后，应及时进行添罐，防止葡萄酒与空气接触。此外，正确进行转罐，必要时进行过滤、下胶或离心等处理，以除去微生物。

5. 微生物计数

在装瓶以前，最好在显微镜下或通过培养，对酵母菌和细菌进行计数，以决定并检查无菌过滤或离心效果。需指出的是，离心处理只能除去酵母菌，而去除细菌的效果较差。

11.4 葡萄酒的败坏及其防治

葡萄酒在陈酿过程中有很多复杂的物理、化学反应，容易引起败坏。最常见的有蛋白质性混浊、酒石酸性沉淀、单宁性沉淀、铁破败、铜破败和氧化酶破败等。山葡萄酒很少发现由于铁、铜过多而引起的破败病。装瓶出厂后，酒石酸盐和蛋白质在瓶内的沉淀也不易出现，可以说有很好的稳定性。

11.4.1 铁破败病

当铁的含量较高时（>8 mg/L）会引起葡萄酒混浊，称铁破败病。三价铁与磷酸盐生成沉淀为白色，叫作白色破败病，三价铁与单宁生成的沉淀为蓝色，叫作蓝色破败病。

山葡萄酒的酸度较高，不易产生由于铁质较多而引起的破败病。山葡萄酒中的游离酸，除酒石酸外还有微量的草酸，都能与铁生成络合物，降低铁离子的浓度，故不会出现破败病。当然，酒石酸与铁形成络合物的能力小于柠檬酸，更不如草酸。但是葡萄酒的 pH 值在 2.9~3.0 之间时，就不易发生铁的混浊。而山葡萄酒的 pH 值在 2.8~2.9 之间，即使它的含铁量较高（6.6~12 mg/L），也不会产生破败病而引起混浊。另外，山葡萄中含有丰富的维生素 C，即使山葡萄酒经过加热杀菌，仍含有 10 mg/L 以上的维生素 C。维生素 C 具有很强的还原性，可保护其他可氧化的物质。因此，二价铁就不易氧化成为不溶性的三价铁。这也是山葡萄酒不因铁质较多而引起混浊、沉淀的原因之一。但如果酒中含铁量过高，失去了平衡，也会引起沉淀，产生铁腥味，所以在酿造过程中不要接触铁器。

11.4.2 铜破败病

葡萄酒中的 Cu^{2+} 被还原物质还原为 Cu^{+}，与 SO_2 作用生成 Cu^{2+} 和 H_2S，两者反应生成 CuS，生成的 CuS 首先以胶体形式存在，在电解质或蛋白质作用下发生凝聚，出现沉淀。

山葡萄酒在贮藏过程中，色素会被氧化而沉降。在这种沉淀物中往往发现有少量的铜存在，可能是铜和色素的结合产物。所以在红葡萄酒中不易产生由铜引起的破败病。尤其是山葡萄具有浓厚的色素，所以至今还没有发现由铜过多而引起的混浊。

11.4.3　混浊与沉淀

山葡萄酒的单宁含量高，单宁能促使蛋白质变性，又可吸附于蛋白质的表面而沉淀。另外如果葡萄酒是高酒度贮藏，酒精也能促使蛋白质变性，加速凝聚沉降。特别是山葡萄酒中的酒石酸氢钾和酒石酸钙，随着酒度升高而溶解度降低，在贮藏期就会出沉淀。所以山葡萄酒在陈酿之后，经过澄清、过滤，可得到澄清透明的酒体。

此外，瓶酒受严寒冷冻也会出现沉淀。山葡萄酒封装以后，在运输途中遇严寒，在零下 20℃左右时就易冻成冰块，溶化后就可能在瓶内出现沉淀。遇此情况，连瓶放于水中，缓慢加热至 40~50℃，沉淀物即能溶解，保存于一般室温下，不复析出。但必须指出这是对于正常的山葡萄酒而言，如酒杂质含量过多，过滤不好或生病等，就要用其他方法进行处理，如下胶或再滤过等。

11.4.4　山葡萄酒的过氧化

山葡萄酒的过氧化会导致山葡萄酒的口味不和谐，给人一股不愉快的过氧化味，严重的还会出现余味苦涩。在色泽方面，会使葡萄酒失去明显的宝石红色，略呈暗棕色。

葡萄酒中含有较多的醛和氨，是导致出现过氧化味的内因，外部原因是接触空气过多。山葡萄酒的过氧化主要是氧和氮特别是氨基酸的相互作用而产生的。由于氨基酸含量较高，一方面形成了醛类，另一方面在脱氨基过程中氨基酸产生氨，而铵盐在一定浓度下能破坏葡萄酒的风味，使酒味变粗糙。另外氨和醋酸乙酯形成了乙酰胺，使葡萄酒产生异味。葡萄酒中含氧量较高，酒中的芳香物质与氧结合而使香味变化或被破坏，出现一种苦涩味。另外在接触大量空气情况下，酒精被空气氧化而产生乙醛，酒中的游离醛增多，会给葡萄酒增加一种苦味。

基于以上情况，想要预防山葡萄酒产生过氧化味，在酿造过程中，就必须加强一系列的技术管理。首先对葡萄穗严格分选，除去腐烂葡萄，因它是氧化酶的主要来源。氧化酶易使葡萄酒中的酚类化合物及色素被氧化，而使色泽发乌或呈棕色。添加二氧化硫可抑制氧化酶。在发酵过程中，严格控制温度，特别是在后发酵时必须进行低温发酵，发酵终了及时分离，以免酒中有过多的含氮物质。这是因为在发酵终了时，酵母自溶，增加了总氮的含量。

11.5 不良风味

山葡萄酒产生怪味的原因很多。有的是由于微生物的侵入引起的，有的是原料不好影响的，有的是技术管理不善造成的。无论什么原因，首先必须弄清病源，才能进行有效防治。

1. 木质味

高酒度的原酒贮存于新桶中，如果处理不好新桶，都会使原酒产生木质味。处理方法：应迅速换入老桶中贮藏。木质味太大时，可加入0.01%（对原酒）的橄榄油来除去；或在配酒时少量配入不含木质味的原酒，因为适量的木质味不但对葡萄酒没有坏处，反而有利于增加酒的醇厚味。

2. 臭鸡蛋味

在新鲜葡萄酒中有时会产生一种硫黄味、臭鸡蛋味和蒜味，也统称为还原味，主要由于硫或SO_2被还原为H_2S，后者又与醇类化合为硫醇所致。出现硫化氢味的原因主要有：较高浓度的SO_2、较高pH值和较低的氮水平。由于山葡萄酒具有较高的含酸量，在SO_2正常使用的情况下，一般不会出现此种现象。如果有这些问题存在，葡萄酒生产者应该在葡萄酒生产中尽量降低SO_2使用水平，同时调整葡萄汁的pH值，调节葡萄汁中的氮水平。如果仍然存在这种问题，我们可以在葡萄酒中添加1~2 μg/mL的硫酸铜。

3. 霉臭味

若酿酒容器，尤其是木制容器未经彻底洗净就用来盛酒，或酒窖潮湿不洁、发霉等，则霉菌容易滋生而污染酒质。若发现此情况，应添加蛋白质或明胶澄清，过滤后所得的清酒应贮存于清洁、无霉味的容器中。

4. 木塞味

所谓木塞味，主要是软木塞加工过程中产生的三氯苯甲醚污染，闻起来会有尘土、野蘑菇、旧报纸以及发霉毛巾的气味。使用带有木塞味的木塞，会严重影响葡萄酒的感官品质，特别是葡萄酒的香气。

第 12 章　山葡萄酒副产物的综合利用

葡萄是世界上产量最大，栽培面积最广的水果之一。葡萄园整形修剪以及葡萄酒酿造中伴随产生大量废弃物，主要有枝条、果梗、皮渣和酒泥等。从生物和化学需氧量方面考虑，因其富含有机物严重污染环境，而且造成资源浪费。因此，积极开展葡萄与葡萄酒产业中副产物的研究，化废为宝，具有重要的经济和社会意义。

12.1　葡萄枝条的利用

栽培葡萄过程中需要对枝条进行整形修剪，以维持一定的产量和质量。但修剪下的枝条，除极少部分留作扦插外，大部分枝条被废弃。葡萄茎中富含木质素、纤维素和半纤维素，经处理后可以成为良好的可再生有机能源。

12.1.1　堆肥化处理

葡萄枝条堆肥化处理，可以利用自然界中丰富的微生物菌群，有效地对葡萄枝条进行生物降解，并将其转化成营养丰富的有机质肥料或土壤调理剂，还可以杀灭葡萄枝条上的病菌，清除病菌的传播和污染。将葡萄枝条切碎成直径 20 mm 的木块，添加颗粒较细、含氮量较高的无机物或有机物，如尿素、鸡粪等，可有效实现枝条的高效堆肥。

12.1.2　作为沼气能源

葡萄栽培产生的废弃枝叶和葡萄酒生产中产生的皮渣、污水等废弃资源均可投入沼气池中，作为发酵原料。在葡萄园中建沼气池，这些资源发酵制取沼气后，能够提供葡萄园日常用电。沼渣和沼液可当作肥料还于田中。沼渣作基肥、沼液追肥，并用沼液作叶面喷肥和病虫防治，为葡萄生长提供营养，同时提高了葡萄根系对养分的吸收能力，减轻了叶面病虫害的发生，促进了葡萄产量的增加和品质的提升。另外，把沼气池和青料贮存池结合，利用青料贮存池内较高的温度，能够保证寒冷地区冬季顺利产生沼气，提高沼气池的产气效率。

12.1.3 功能性物质提取

1. 提取多酚物质

葡萄枝条中多酚物质种类较多，其中含量最高的是单宁，不同品种间各物质含量具有显著性差异。研究表明提取物中的总酚、总黄酮和单宁的含量均与其对自由基的清除能力呈正相关性，说明葡萄枝条具有潜在的开发价值。

2. 其他物质提取

葡萄枝条还富含木质素、纤维素及多种矿物质元素，可用于提取膳食纤维，或通过微生物降解进而获得多种生物制品。纤维素可以用于纤维的生产，木质素可以水解得到多酚类物质再进一步加工制成抗氧化物质和微生物抑制剂，半纤维素可以用于提高可发酵性糖的含量或用于食品添加剂的生产。此外，利用葡萄枝条生产出的活性炭粉剂，具有很好的孔度，可作为白葡萄酒的澄清剂，具有重要的商品开发价值。

12.1.4 作为饲料

富含纤维素、半纤维素和木质素的秸秆等农业有机物一直是牲畜饲料的重要组成部分。利用葡萄枝条作为家畜的饲料，可充分利用葡萄枝条的营养从而拓宽家畜饲料的来源。然而作为牲畜饲料，木质素的难降解性及其对纤维素的保护作用阻碍了牲畜对其的消化吸收，所以需要木质素降解菌的帮助，从而提高这些农业有机物的利用率。收集废弃葡萄枝条，简易加工后作为饲草，极大程度上缓解了饲草短缺的问题，并减少了养殖成本。

12.1.5 食用菌栽培基质

食用菌具有很强的木质纤维素降解能力，生长过程中产生木质纤维素降解酶，对原料中的木质纤维素进行分解利用，以供应其子实体的生长及呼吸作用的能耗。废弃葡萄枝条作为食用菌的栽培基质，一方面高效实现了其生物学效益和生物转化率，避免了葡萄园枝条修剪带来的资源浪费，另一方面又扩大了食用菌的原料范围，为葡萄园带来附加的经济效益。目前已经有葡萄枝条栽培杏鲍菇、白玉菇、香菇、秀珍菇及双孢蘑菇的研究，还有的在葡萄架下建畦，采用葡萄枝屑与玉米芯混合栽培基质培养平菇，同样获得了良好的产量和生物转化率。食用菌栽培后剩余的菌糠中增加了大量的菌丝蛋白，并且仍有部分菌丝未吸收的养分，是较好的农肥，可回归到葡萄园中，实现葡萄园资源的循环利用，还可用来加工饲料、二次栽培食用菌、作为燃料和能源材料和作为土壤改良剂和修复剂等，为果农带来另外的附加经济效益。

12.2　葡萄皮渣的利用

在葡萄酒的酿造过程中，有 20%~30%的葡萄残渣产品，包括除梗破碎产生的果梗，压榨后的皮渣，以及转罐、陈酿过程产生的酒泥沉淀等，其中各成分的含量因葡萄品种而异。葡萄皮渣中功能性成分，如天然色素、膳食纤维、有机酸、以亚油酸为主的多不饱和脂肪酸和具有抗氧化能力的多酚类化合物等的回收提取越来越受到重视，在抗癌和防治心血管疾病等方面有着卓越的效果，以葡萄皮渣为原料生产的保健品具有巨大发展潜力。

12.2.1　皮渣的发酵再利用

酿酒产生的葡萄皮渣主要有两类，一类是白葡萄酒酿造过程中，榨汁后未经发酵的葡萄皮渣；另一类是发酵后的红葡萄酒皮渣，直接蒸馏可获得部分酒精。而未经发酵的葡萄皮渣，可采用再发酵制取酒精。葡萄皮渣调整糖、酸、pH 值发酵后，蒸馏除去酒头和酒尾，留下中间部分，它可以直接加入葡萄酒中增加酒度，或者密闭于橡木桶中陈酿，适当调配成优良白兰地。葡萄皮渣中加入糖浆，并补充适当的酒石酸后，可用于酿造桃红葡萄酒。此外，葡萄皮渣中含有大量抗氧化物，如类黄酮、黄酮醇、花青素和可溶性单宁等，用葡萄皮渣酿醋不仅能够开胃健脾、解腥祛湿，而且具有很高的医疗价值，所以利用皮渣再发酵进而研究食醋、果醋以及多酚功能性饮料的研究较多。利用酒精浸提葡萄皮渣中的多酚物质，然后接种醋酸菌发酵，或者以玉米、麸皮为原料，酒精发酵后再加入葡萄皮渣进行醋酸发酵，经调配制得葡萄果醋，从而兼具营养、保健、食疗等功能。

12.2.2　提取膳食纤维

葡萄皮渣中富含膳食纤维、多酚、天然色素等植物营养成分，是优质的抗氧化膳食纤维资源。膳食纤维对人类健康有积极的作用，在预防人体胃肠道疾病和维护胃肠道健康方面功能突出。膳食纤维提取方法主要有：机械物理法、化学分离法、酶法、微生物发酵法和膜分离法 5 大类。基于保持膳食纤维纯度和生理活性的要求，一般采用酶法和发酵法活化皮渣中的膳食纤维，使可溶性膳食纤维的含量得以提高。普通粉碎后的葡萄皮渣纤维粉颗粒较大、口感粗糙，不利于在食品生产过程中加以利用。因此，采用超微粉碎和挤压超微粉碎技术对葡萄皮渣纤维进行物理或化学改性，能有效增加葡萄皮渣可溶性膳食纤维的含量，使其在满足食品加工需要的前提下提高功能特性。

有研究表明，葡萄皮渣可被作为抗氧化膳食纤维原料，在增加奶酪和沙拉中的膳食纤维和总多酚含量的同时，还可以延缓其在冷藏过程中的脂质氧化现象，证明了葡萄皮渣可以作为功能食品的组分发挥促进身体健康和延长食品货架期的双重功效。皮渣还可以作为膳食纤维和多酚类物质的优良资源库，并应用于饼干的生产中，10%比例皮渣可以显著提高饼干中膳食纤维含量，使饼干表现出较高的抗氧化能力。

12.2.3 提取多酚类物质

葡萄酒中多酚可分为色素和无色多酚两大类，其中色素主要有花色素和黄酮两类，无色多酚主要分为酚酸（苯酸类和苯丙酸类）、聚合多酚（儿茶素和原花色素）及单宁（缩合单宁和水解单宁）等。葡萄含有丰富的多酚类物质，主要分布在果皮和种籽中，红葡萄果皮中的多酚主要有花色素类、白藜芦醇及黄酮类，葡萄籽中主要为儿茶素、槲皮苷、原花青素、单宁等。它们具有多种生理功能和药理作用，如具有抗氧化性、能消除体内自由基、抗衰老、降血脂、降血压、预防心血管疾病、抑菌等作用，在油脂、食品、医药、日化等领域具有广阔的应用前景。

1. 提取色素

葡萄色素属于天然花色苷类色素，主要存在于葡萄皮中，包括花青素、甲基花青素、牵牛花素、锦葵色素及花翠素等，安全无毒且含有一定的营养成分，可作为食品及化妆品等的着色剂。葡萄色素在酸性条件下色泽鲜艳、着色力强、安全性高，还有一些有益的生理功能，可广泛应用于饮料、糖果、糕点等食品工业，而且葡萄色素具有抗氧化和清除自由基的作用，具有一定的药用与保健价值。研究证明该色素在酸性条件下对热、光、常见金属离子、食品添加剂、碳水化合物等物质具有良好的稳定性，具有开发应用价值。

2. 提取无色多酚

葡萄中的无色多酚如白藜芦醇、原花青素、单宁等，对保护心血管系统、清除自由基、抗氧化、抗突变、抗辐射、促进细胞增殖等都有很好的生物学活性。

白藜芦醇广泛存在于葡萄皮中，是植物体在应激霉菌感染和作用时产生的一种天然多酚类物质，又称为芪三酚。白藜芦醇具有降低血小板聚集、预防和治疗动脉粥样硬化、降低心脑血管疾病发病率的作用，还具有很强的抗氧化生理活性。研究表明不同葡萄品种间白藜芦醇含量差异较大，且不同组织部位白藜芦醇含量差异也较大，其含量由高到低的顺序为果梗>叶片>果皮>种籽>叶柄。常用的提取法主要为有机溶剂提取、酶法辅助提取、超声波提取法以及超临界萃取等。此外，由于葡萄品种及加工工艺的不同，造成了葡萄酒中白藜芦醇质量浓度的差异，故白藜芦醇质量浓度的多少已成为评价葡萄酒品质的重要指标之一。山葡萄抗寒力极强，其果实酿酒品质优良，是东北地区酿造甜红葡萄酒的主要原料。研究发现山葡萄酒中白藜芦醇含量高于其他葡萄酒，最大差异为 10 倍。有调查显示，通化地区市售的部分山葡萄酒中，反式白藜芦醇含量在 0. 54~11. 45 mg/L 之间，顺式白藜芦醇含量在 0. 60~5. 42 mg/L 之间。不同品牌的葡萄酒的白藜芦醇含量之间会存在差异，但总体反式白藜芦醇多于顺式白藜芦醇的含量。

12. 2. 4　在传统农畜业中的应用

葡萄皮渣在传统农畜业中的应用主要有：青贮葡萄皮渣饲喂反刍类动物；利用微生物对葡萄皮渣进行发酵来生产酶；葡萄皮渣作为有益肥料等。葡萄酒副产物作为牲畜饲料，营养价值高、安全无毒，而且成本低，经济效益显著。因皮渣中含有大量粗纤维及部分难消化的种籽壳，直接饲喂营养转化会受纤维素及单宁含量的限制，所以可使用皮渣作为饲料辅料，或通过微生物发酵改善其饲用价值。皮渣中的葡萄皮、果肉和葡萄籽等物质经酵母菌发酵后，其粗蛋白含量高达 30%以上，饲用价值得到改善。葡萄籽榨油后的残渣是很好的精饲料，含有 6%左右的脂肪，30%左右的蛋白质及矿物质，与干草、谷物混合是一种很好的牲畜饲料，用量在 5%~15%为宜。有研究显示，以葡萄酿酒后副产物皮渣和籽渣为原料，采用化学腐熟处理、微生物好氧发酵和添加复配 N、P、K 等方法生产有机复混肥，结果表明与等养分和等价格化肥相比施用该有机复混肥可增产 10%以上，对多种经济作物品质有明显改善作用，且改土培肥效果明显。

12. 2. 5　葡萄籽的深加工

1. 提取葡萄籽油

在葡萄酒生产过程中，会产生占葡萄总量 3%的葡萄籽，分离压榨后的皮渣含有 1/2 的葡萄籽。葡萄籽含油量为 14%~17%，其主要成分为亚油酸、亚麻酸等多种不饱和脂肪酸，以及甾醇、多羟基芪类化合物如白藜芦醇等。其中亚油酸是主要的功能性成分，为人体必需脂肪酸，含量达到 70%以上，此外，葡萄籽油还含有少量（≤1%）亚麻酸，同为人体必需脂肪酸，必须通过饮食摄入。葡萄籽油具有很强的抗氧化能力，研究表明比维生素 C、维生素 E 抗氧化效果都明显，葡萄籽油系油脂提取物，对人体无毒、无副作用，既具有安全性，并在降低血脂胆固醇、软化血管等方面有特殊功效，具有保健作用，且因其高温加热无烟的特性，使其成为高级烹饪油。

葡萄籽油的提取方法主要有压榨法、溶剂法提取、微波辅助提取、超声波辅助提取、膨化浸出提取、生物酶法提取、超临界 CO_2 萃取法。常温压榨在挤压过程中易形成高温使不饱和脂肪酸分解，因此冷压榨是目前较常用的方法，在低于 87℃的温度下对物料进行压榨，可以避免制油过程中对油脂营养成分的破坏，最大限度保存葡萄籽油及冷榨饼中生物活性功能成分。溶剂法因其简易方便而被广泛应用，但溶剂残留往往会带来食品安全隐患。微波、超声波辅助提取能提高葡萄籽油的提取率，减少提取时间，但设备所需成本较高，难以实现大规模工业生产。将生物酶法与超临界萃取结合使用成为近几年萃取的新趋势，在萃取前先用相关细胞壁降解酶处理，破坏细胞壁，从而提高葡萄籽的出油率。

2. 葡萄籽提取物

葡萄籽提取物中含有丰富的多酚类物质、矿物质、蛋白质、氨基酸、维生素等，具有潜在的开发价值。近几年关于副产物的研发已经不再局限在简单处理后做饲料、肥料，以及提取葡萄籽油上。关于葡萄籽提取物的理化性质的研究及深加工已经逐渐引起人们的重视，例如葡萄籽蛋白、多肽、多糖的提取等。提取葡萄籽油后的饼粕是一种优质蛋白质资源，含有谷氨酸、甘氨酸、丙氨酸等多种氨基酸，人体必需的 8 种氨基酸俱全，其中缬氨酸、精氨酸、蛋氨酸、苯丙氨酸含量相当于大豆蛋白中的含量，因此可以继续加工提取葡萄籽蛋白质。水解葡萄籽蛋白质还可得到生物活性多肽，这些生物多肽易于被人体消化吸收，且存在抗氧化肽、抑菌肽和表面活性肽等，具有较强的抗氧化、清除自由基的作用。

葡萄籽提取物原花青素是广泛存在于植物界的天然多酚类化合物，具有多种生物活性，作为自然界最受欢迎的十大植物药之一，已被广泛用于食品添加剂、药品、保健品和化妆品等。葡萄籽中原花青素的提取方法主要包括传统的溶剂提取法、微波萃取、酶法辅助提取、超临界 CO_2 萃取法。

12.3 酒泥的利用

酒泥是葡萄酒酿造过程中产生的副产物，主要成分有微生物（主要是酵母菌残体）、少量酒石酸盐晶体、无机物以及色素沉淀等。酒泥可用于提取多种有效成分，用作肥料、饲料。此外，酒泥还可以用来蒸馏白兰地，优质陈酿的酒泥还可以用来改良酒的品质。

12.3.1 提取酒石酸

酒石酸是一种用途广泛的多羟基有机酸，广泛应用于医药、食品、精细化工等行业。酒泥中酒石酸含量为 100~150 kg/t（即每吨酒泥可提取 100~150 kg 的酒石酸），数量十分可观，因此可以利用富含酒石酸氢钾的酒泥为原料提取酒石酸。酒泥提取酒石酸的工艺操作为：首先浸提，发酵蒸出酒精，其次经处理、转化、酸解后进行脱色、浓缩、结晶。最后将所得的纯白色结晶性粉末在低温条件下烘干，即得符合右旋酒石酸的各项质量指标的成品。

12.3.2　提取超氧化物歧化酶等

酒泥中因含有大量酵母残体，因而可用来提取葡萄酒泥酵母超氧化物歧化酶（superoxide dismutase，SOD）。超氧化物歧化酶是广泛存在于生物体内的一种金属酶，可催化超氧阴离子 O^{2-} 与 H^{+} 发生歧化反应，从而解除 O^{2-} 对机体的毒害。微生物生产 SOD 具有成本低、周期短、适用于规模化生产的特点，且所得产品安全性高。研究证实真核微生物的 SOD 含量一般高于原核微生物，其中酵母菌因含有丰富的线粒体，呼吸系统完整，所以其 SOD 含量高于其他丝状真菌，可作为 SOD 的主要生产菌种。

12.3.3　在传统农畜业中的应用

葡萄酒副产物作饲料主要有皮渣饲料、核渣饲料以及酵母蛋白饲料 3 大类。葡萄发酵后，沉淀于桶底的酒泥因富含酵母，其蛋白质含量在 20%左右，磷含量在 0.5%左右，钙含量较高。经离心分离得到的酵母，经压滤、烘干，蛋白质含量可达 85%以上，质量高且利于牲畜消化吸收，可用来生产酵母蛋白饲料，是一种较好的精饲料。此外，酒泥中还含有可溶性糖、维生素、矿物质、氨基态氮、挥发酸及纤维素等丰富的营养物质，是一项值得开发的饲料资源。酒泥因其含有的残留乙醇、木质素、单宁（鞣酸）和果胶等抗营养因子，使其在畜禽日粮中的用量受到很大限制。酒泥中不含有任何对人类身体有毒有害物质，是很好的绿色有机肥源。葡萄酒泥含有大量的营养物质，有机质含量也非常丰富，远高于芝麻饼和鸡粪，而且 pH 值较低，非常适合盐碱地施用，可作为良好的有机肥源进行开发利用。葡萄酒酒泥经发酵后制成有机或有机无机复混肥，以底肥或追肥方式施用于大田作物（鲜食玉米）及果树（桃、冬枣）上，结果显示在等养分含量下，酒泥施用效果明显优于一般复合肥（对照），对果实的增大以及品质的提高都表现出较好的作用。

第 13 章　葡萄酒的微生物多样性

大多数发酵产品是由微生物的混合物产生的，这些微生物群落拥有各种生物活动，负责产品的营养、卫生和芳香品质。葡萄酒也不例外。在葡萄、葡萄汁和葡萄酒中都观察到大量的酵母和细菌的生物多样性。这些微生物间的相互作用调节了葡萄酒的卫生和感官特性。

目前，采用 SO_2 杀菌，接种纯种酵母发酵，是葡萄酒工业化生产的主流方式。虽然 SO_2 的使用限制了葡萄酒酿造过程中的微生物多样性，提高了酿造过程的安全性，但也因 SO_2 的使用削弱了葡萄酒的风味，甚至可能使本土山葡萄酒失去特色，不利于山葡萄酒本土风格的塑造。有研究显示，微生物的多样性有利于改善葡萄酒的风味。山葡萄酒是我国本土特色产品，利用自然发酵或多菌种混合发酵来塑造山葡萄酒的本土风格，是山葡萄酒风味改善的重要途径之一。因此，要想更好地控制自然发酵或多菌种发酵，就需要更好地了解微生物之间的相互作用机制。

本章的主要目的是介绍国内外葡萄酒微生物多样性的研究现状，为葡萄酒生产者和研究者拓宽思路，相信随着葡萄酒组学的不断发展，葡萄酒微生物领域的研究将对监测葡萄酒发酵产生巨大的影响。

13.1　环境对葡萄微生物多样性的影响

影响葡萄微生物多样性的因素多种多样，主要的自然因素有土壤、气候、果园管理等因素。对葡萄果实品质有重要作用的自然生态因子之一是土壤，而与葡萄生长发育及品质相关的土壤因子主要有土壤类型、土壤结构、温度、酸碱度、水分含量、土壤中的营养物质状况等。有研究表明，pH 值为 6~6.5 的土壤相对适合葡萄果实生长与结果，当土壤的 pH 值接近 4 时则会导致葡萄果实的生长不良，当土壤的 pH 值大于 8.5 时，葡萄则会出现黄叶病，从而影响葡萄的生长，并且土壤是影响葡萄微生物多样性的关键的环境因素之一。葡萄酒中的天然微生物主要来自于酿酒葡萄、葡萄园中的土壤和葡萄酒的酿制设备，其主要为酵母菌、细菌和霉菌，这些微生物随着酿酒操作步骤进入到酒液中。最适宜种植酿酒葡萄的土质类型有砂砾型土壤和砂壤型土壤。葡萄植株根区土壤微生物在垂直方向上主要集中在 0~40 cm 土层，微生物的丰度呈现出从上到下逐渐减少的趋势。

气候从降水和温度两个方面对微生物的多样性造成影响。降水可以刺激微生物的活性、微生物的呼吸和细菌的丰度。气候干旱会减少微生物对可溶性资源的利用，同时会降低微生物利用可溶性资源的效率。温度升高可使得微生物群落大小显著增加 40%～150%。降水增加通常都会使微生物的数量增加。因为真菌对土壤水分变化敏感，所以降水量可以增加真菌丰富度。温度上升导致土壤微生物菌种丰度、多样性和均匀度均增加。

对葡萄园的不同管理方式对微生物多样性也有一定的影响。有研究指出，葡萄园行内覆盖增加了微生物的多样性。以覆盖聚乙烯黑膜、自然生草、覆木屑、覆秸秆、覆马齿苋等处理与清耕进行对照试验，其结果显示进行行间生草和将葡萄园土进行有机覆盖均会使土壤中微生物的含量和土壤碳、氮的含量有所提升，对果园土壤的微生物的群落结构也有不同程度的改善效果。进行覆盖处理过的土壤的实验组的细菌、放线菌、真菌的丰度都明显高于对照组。进行覆盖的土壤温度相较于不进行覆盖的土壤温度较高，有机质含量丰富，其有利于微生物的生长繁殖。不仅覆盖会对微生物多样性有一定的影响，葡萄种植期间除草剂的使用也会影响微生物多样性。除草剂的使用可使大多数有益菌的丰度降低。采用生草模式的葡萄园微生物丰度大于清耕和使用除草剂的葡萄园微生物丰度，不同草种各具优势。在葡萄种植中使用波尔多液，会使葡萄园的微生物丰度降低。因为波尔多液中含有铜离子，有研究显示铜离子与微生物密度呈负相关。

13.2　葡萄和葡萄汁的微生物生态学

葡萄果实上的微生物生态系统最初取决于收获物的健康质量，以及许多生物和非生物因素。此外，用于检测微生物群落的分析技术对获得这些群落的描述也有重大影响。事实上，传统的微生物学方法，包括在选择性的营养培养基中分离和计数微生物，产生的结果可能不全面。因为构成种群 1%以下的少数菌落不能被检测到，这些方法不能检测到有活力但无法培养的生物体。分子方法的发展，独立于微生物菌种的可培养性和基因表达，与选择性流式细胞计数方法相关，目前可以更全面地了解微生物的生物多样性。这些方法也是监测从葡萄收获到葡萄酒储存的微生物群落的有力工具。

13.2.1　酵母菌

葡萄串是本地葡萄酒酵母菌的主要天然储库。酵母菌在空间上分布在葡萄果实和葡萄串上。有文献报道了从生长在 22 个国家的 49 个不同葡萄品种中分离出来的属于 30 个不同属的 93 个不同的酵母菌物种。尽管在葡萄果实上发现了大量的酵母菌种，但种群密度很低。事实上，未成熟葡萄上的酵母种群密度很低（10^1～10^3 CFU/g），但在收获时增加（至 10^3～10^6 UFC/g）。酵母菌的种群动态可能与每个浆果的表面积增加和营养物质的供应有关：在成熟期间，浆果变大，浆果表面有更多的营养物质，糖浓度增加，酸度降低。

葡萄酿酒酵母分属于酵母属、类酵母属、有孢汉逊酵母属、汉逊酵母属、毕赤酵母属、假丝酵母属、红酵母属、克勒克酵母属、德克酵母属、酒香酵母属、梅氏酵母属、裂殖酵母属、克鲁维酵母属等多个属。而其中酿酒酵母属更为重要，通常使用该属作为酿酒酵母的菌株，而有孢汉逊酵母属、克勒克酵母属、梅奇酵母属和德巴利酵母属等非酿酒酵母不仅可以完成将葡萄糖转化成乙醇的过程，还是产香酵母。表 13-1 列举了一些与葡萄酒相关的酵母菌。

表 13-1　葡萄中常见的酵母菌种类

酵母中文名称	酵母拉丁文名称
酿酒酵母属酵母	*Saccharomyces*
德巴利酵母属	*Debaryomyces*
丝酵母属	*Candida*
隐球酵母属	*Cryptococcus*
假酒香酵母属	*Brettanomyces*
有孢汉逊酵母属	*Hanseniaspera*
洛德酵母属	*Lodderomyces*
汉生酵母属	*Hansenula*
克勒克酵母属	*Kloeckera*
毕赤酵母属	*Pichia*
克鲁维酵母属	*Kluyveromyces*
红酵母属	*Rhodotorula*

很多因素会影响酵母菌的多样性，包括生物性的和非生物性的因素。比如，葡萄皮的完整性会直接或间接地改变菌种平衡。还一些研究报告认为，酵母菌的多样性取决于气候和微气候条件，但也有相反的研究结果出现。葡萄园因素，如葡萄品种和浆果颜色经常被认为是影响多样性的因素。浆果的健康状况也会影响酵母菌的多样性。例如，灰霉病菌能够穿透葡萄表面并释放营养物质，可能影响葡萄表面的微生物菌群。有报告说，在受灰霉病影响的浆果上出现了梅奇酵母属（*Metchnikowia*）。梅奇酵母属（*Metchnikowia*）的成员通过铁封存的机制似乎对其他酵母菌、丝状真菌和细菌有抑制作用。酵母菌和一些昆虫、动物之间的关系也可能有助于

浆果上酵母菌种群的变异。来自葡萄园的一些证据表明了酵母菌和昆虫之间的关联，特别是蜜蜂和果蝇。也有人认为，候鸟可能作为酿酒酵母细胞的载体。此外，有报道指出，从有机和常规葡萄园获得的酵母种群之间存在差异。这些不同的研究是在不同国家（奥地利、法国、意大利、西班牙和斯洛文尼亚）的不同葡萄园进行的，受到不同的气候和农药以及不同的法规约束，这些差异可能解释了矛盾的结果。

一般来说，许多影响因素（例如气候条件或栽培品种）并不是独立的，酵母菌的多样性往往是这些因素共同作用的结果。比如，在同一葡萄园的不同区域，微生物的多样性也会存在差异，导致在同一成熟阶段从单个葡萄园收获的葡萄样品之间存在异质性。

总之，各种生物和非生物因素对浆果上存在的酵母菌的多样性都有影响，但很少有数据可以明确描述这些相互作用，因此还需要进一步研究。

13.2.2　细菌

国外研究者从葡萄浆果上分离出 50 多个细菌种类，其中主要是乳酸菌（lactic acid bacteria，LAB）和醋酸菌（acetic acid bacteria，AAB）。

对葡萄浆果细菌微生物群的分析显示，在浆果成熟过程中种群的规模和结构发生了变化，水平逐渐上升，在浆果过熟时达到最高值。随着季节的发展和成熟，革兰氏阴性细菌群落下降，而革兰氏阳性群落增加。此外，耕作系统可以影响细菌群落的结构。例如，已经观察到铜浓度和细菌细胞密度之间的负相关关系。在收获时，不同的微生物种群的平均数为：革兰氏阴性好氧或厌氧细菌约 10^3 CFU/berry，革兰氏阳性厌氧细菌约 10^4 CFU/berry。葡萄不同细菌种群的水平也取决于收获时浆果的健康质量。

大多数 LAB（主要是乳酸菌属和片球菌属）在健全的葡萄上被检测到，最大的种群数量约为 10^2 CFU/g。在压碎的葡萄中的 LAB 密度为 10^2 CFU/mL 至 10^4 CFU/mL，并取决于葡萄成熟最后几天的气候条件，与葡萄酸度成反比关系。一些 LAB，如小片球菌（*P. parvulus*）、旧金山乳杆菌（*L. sanfranciscensis*）、肠膜明串珠菌（*Leuconostoc mesenteroides*）和革兰氏阴性细菌越南伯克氏菌（*Burkholderia vietnamiensis*）能产生大量的胞外多糖。这些大分子可以构成生物膜，能够保护细菌细胞免受环境的侵害，并允许厌氧菌在葡萄浆果表面生存。有人认为，在葡萄园中应用抗真菌处理（使用基于硫黄和铜的产品）和诱导生物膜的形成之间存在联系。

在健康的葡萄上经常检测到 AAB，通常是葡萄糖杆菌属。AAB 种群受到浆果损害的刺激，在腐烂的葡萄上增长到大约 10^6 CFU/g。尽管它们在无氧条件下可以生存，但在酿酒的条件下会导致这些好氧细菌死亡。葡萄中常见的细菌种类见

表 13-2。

表 13-2 葡萄中常见的细菌种类

细菌中文名称	细菌拉丁文名称
植物乳杆菌	*Lactobacillus plantarum*
干酪乳杆菌	*Lactobacillus casei*
希氏乳杆菌	*Lactobacillus hilgardis*
链杆菌	*Streptobacterium*
德斯乳杆菌	*Lactobacillus desidiosus*
汉生醋杆菌	*A. hansenii*
巴氏醋杆菌	*A. pas-teurianus*
氧化葡萄糖杆菌	*G. oxydans*

13.2.3 霉菌

霉菌会对葡萄酒中的挥发性成分的含量产生影响。有研究显示，在葡萄酒中添加碳黑曲霉可以增加葡萄酒中甘油的含量。而除乙醇和2,3-丁二醇外，其他高级醇含量也均会有所增加。炭黑曲霉会降低乙酸乙酯、乙酸异戊酯、正己酸乙酯等脂类含量，而使烷烃类挥发性成分含量上升。霉菌不仅会影响葡萄酒的风味，也会影响葡萄酒的安全性。当霉菌与葡萄酒发酵罐中酒液上方的空气接触时，会产成一层菌膜。霉菌往往会产生毒素污染葡萄酒，而葡萄酒中的毒素含量是葡萄酒安全性评价的重要指标之一。霉菌产生的次生代谢产物霉菌毒素会通过葡萄酒的原料进入葡萄酒中。葡萄酒中比较常见的产毒霉菌有曲霉属、青霉属、镰刀菌属霉菌，可产生赭曲霉毒素、展青曲霉毒素、伏马菌素等毒素。当霉菌污染葡萄酒塞时，菌丝伸入木塞纤维中，霉菌会产生一种具有挥发性的油，这种油具有难闻的气味，进入葡萄酒中会使葡萄酒变得难以饮用，从而使葡萄酒品质降低。

13.3 葡萄酒中微生物的相互作用

葡萄酒是一个复杂的微生物生态系统，各种微生物之间相互作用，大概有酵母—酵母的相互作用、细菌—酵母的相互作用、细菌—细菌的相互作用和丝状真菌—酵母的相互作用。微生物之间的相互作用包括直接相互作用和间接相互作用。其中，物理接触、群体感应、捕食、寄生、共生和抑制都是直接的相互作用；微生物之间的间接相互作用是通过细胞外代谢物来实现的，包括中立、互利、共栖、偏害和竞争（图 13-1）。此外，微生物间的相互作用也可能有水平基因转移，即两个微生物之间的 DNA 交换，这种交换可能有利于双方中的一方。

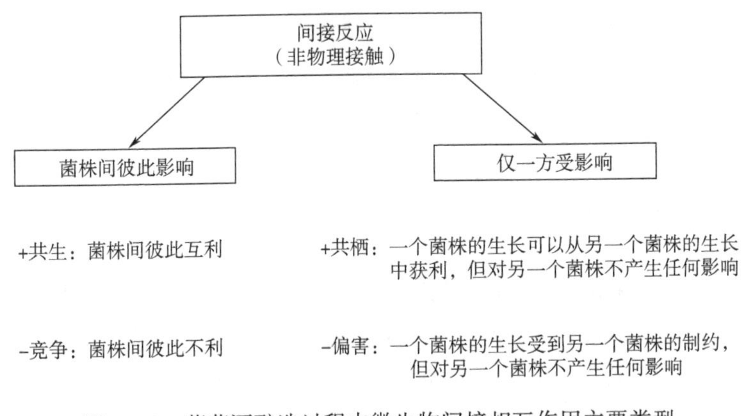

图 13-1　葡萄酒酿造过程中微生物间接相互作用主要类型

丝状真菌存在于菌群中，可以相互作用或与其他微生物相互作用。但是，在发酵过程中，因各种酵母菌株都能产生抑制丝状真菌的化合物，从而导致它们在发酵过程中生长不良，因此，本章将不讨论丝状真菌与酵母的相互作用。

13.3.1　酵母—酵母的相互作用

葡萄酒酿造过程中添加的或天然的复杂酵母菌群，在发酵中表现出许多种类的相互作用。一些酵母在发酵期间同时发育，在大多数情况下建立了生理和代谢的相互作用。对于酿酒来说，这些相互作用的影响可被定性为积极、消极或中性。

1. 消极的相互作用

酵母菌产生的乙醇是影响发酵期间酵母菌多样性的主要化合物，特别是对非酿酒酵母。事实上，一些研究已经证明，在发酵期间，乙醇的积累导致生物多样性的下降。这种减少是由于大多数非酿酒酵母对乙醇的耐受性低。大多数非酿酒酵母通常在乙醇浓度超过 3%～10%（*V*/*V*）时无法生存。然而，有一些非酿酒酵母，如酒香酵母菌（*B. bruxellensis*），对乙醇的抗性高，它们可以存活到发酵结束。

最有名的消极作用的例子之一是偏害（一种菌株的生长被另一种菌株的共存和分泌的代谢物所限制）。50 多年前发现的杀手现象就是这一作用的典型代表。某些酵母菌株（杀手酵母）通过产生特定的胞外蛋白和糖蛋白杀死其他的酵母菌株（敏感酵母）。有大量的文献描述了酿酒酵母（*S. cerevisiae*）菌株的这种现象，并详细说明了这些蛋白质的性质。杀手现象有助于发酵过程中不同酵母菌株的更迭。有实验观察到，在无菌过滤的葡萄汁中加入2%～6%的杀伤性酵母，可延长发酵时间和抑制同源敏感菌株。还有研究显示，当使用特定的膜生物反应器共同培养两株酿酒酵母菌株（一个杀手菌株和一个敏感菌株）时发现，酿酒酵母菌的杀手菌株有时在发酵完成时占主导地位，这表明它们已经证明其杀手属性并接管了发酵。然而，一直很难评估杀手现象是否导致了发酵早期阶段非酿酒酵母的过早消失，因为酿酒酵母产生的杀手毒素只对同一菌种的菌株有效。然而，研究者发现，酿酒酵母（*S. cerevisiae*）CCMI 885 上清液的 2－10kDa 蛋白部分对马克斯克鲁维酵母（*Kluyveromyces marxianus*）、耐热克鲁维酵母（*K. thermotolerans*）、德尔布有孢圆酵母（*Torulaspora delbrueckii*）和季也蒙有孢汉逊酵母（*Hanseniaspora guilliermondii*）都有抑制作用。

据报道，一些非酿酒酵母菌也呈现出杀手的特性。例如，毕赤酵母（*K. phaffii*）产生一种杀手毒素（zymocin KpKt）来对付包括有孢汉逊酵母属（*Hanseniaspora*）的酵母菌；异常毕赤酵母（*Pichia anomala*）和魏氏原壁菌（*K. wickerhamii*）能分泌两种毒素 KwKt 和 PIKT，对酒香酵母属（*Brettanomyces*）的腐败酵母有活性；膜醭毕赤酵母（*Pichia membranifaciens*）产生的一种毒素（PMKT2），对酒香酵母菌（*B. bruxellensis*）有活性。因此，在发酵过程中，这种相互作用可能决定菌种和菌株的数量。

发酵过程中形成的其他化合物也可能影响细胞生长或死亡。短链脂肪酸（如乙酸）、中链脂肪酸（如己酸、辛酸和癸酸）和不同酵母菌种产生的乙醛都被证明对彼此起到拮抗作用。

对营养物质和其他化合物的竞争可以调节酵母菌在发酵过程中的数量。在葡萄汁中和发酵过程中发现的一些非酿酒酵母都属于好氧性酵母，如毕赤酵母（*Pichia spp.*）、德巴利酵母（*Debaryomyces spp.*）、红酵母（*Rhodotorula spp.*）、假丝酵母（*Candida spp.*）、浅白隐球菌（*Cryptococcus albidus*）。在酿酒条件下，发酵过程中的低氧水平促进了能在厌氧条件下生长的菌种，如酿酒酵母（*S. cerevisiae*）。从发酵的葡萄汁中去除残余的氧气可以促使非酿酒酵母菌物种的早期死亡。

对可同化氮的竞争是发酵过程中菌株行为的一个决定性因素。在发酵的葡萄汁中，如果葡萄汁的初始营养成分较差，可同化的氮和维生素可能会被迅速消耗掉。有报告显示，酿酒酵母（*S. cerevisiae*）在最初的 48 小时内会因戴尔有孢圆酵母（*Torulaspora delbrueckii*）将氮耗尽而无法发育，导致发酵迟缓。在葡萄酒发酵中，如果最初的微生物群主要由非酿酒酵母菌组成，那么在发酵的前几天，氨基酸和维生素的消耗会严重阻碍酿酒酵母（*S. cerevisiae*）菌株的后续生长。

2. 积极的相互作用

酵母菌之间会发生协同作用。这种作用大多是在非酿酒酵母菌和酿酒酵母

(*S. cerevisiae*) 之间。例如，在细尖克勒克酵母 (*Kloecker apiculata*) /酿酒酵母 (*S. cerevisiae*) 共培养中，细尖克勒克酵母 (*Kloecker apiculata*) 细胞保持活力的时间比纯培养长。

非酿酒酵母菌和酿酒酵母 (*S. cerevisiae*) 之间的共生关系也得到了证明。一些非酿酒酵母可以向胞外分泌高活性的蛋白水解酶，从而将介质中的蛋白质水解成氨基酸，然后这些氨基酸被酿酒酵母 (*S. cerevisiae*) 使用。非酿酒酵母菌在酒精发酵早期阶段死亡后，细胞的自溶也可以为酿酒酵母 (*S. cerevisiae*) 提供营养物质。反之，酿酒酵母在酒精发酵后的自溶会为腐败菌的生长提供营养来源。

一个酵母菌种产生的一些代谢物可以使其他菌种受益。有研究表明，*S. cerevisiae* 和 *S. cerevisiae* x *S. uvarum* (葡萄汁酵母) 杂交菌株混合培养的最大种群数量比纯培养的两株最大种群数量之和高得多。他们发现，混合培养在发酵过程中会产生大量的乙醛，而酿酒酵母 (*S. cerevisiae*) 菌株可以利用。葡萄汁酵母 (*S. uvarum*) 产生的乙醛比酿酒酵母 (*S. cerevisiae*) 多得多。由 *S. cerevisiae* x *S. uvarum* 菌株产生的乙醛导致酿酒酵母 (*S. cerevisiae*) 细胞内的 NAD (P) H 水平向低水平转变。这种氧化还原电位的变化与生物量和特定发酵率的增加有关。

13.3.2　酵母菌与细菌的相互作用

在酒精发酵和乳酸发酵期间，细菌和酵母之间的相互作用对乳酸发酵的诱导和完成有直接影响，这是葡萄酒质量的一个重要因素。各种研究利用不同的酵母/细菌对来揭示这种相互作用。研究表明，酵母与细菌相互作用的类型高度依赖于所涉及的一对菌种。一种细菌可能被抑制，而另一种细菌可能被同一酵母菌株刺激。一种解释可能是酵母菌株产生不同数量的抑制性和/或刺激性化合物，而细菌对这些化合物的敏感性取决于菌株。酵母与细菌的相互作用包括：拮抗作用、偏害作用、竞争作用和共生作用。

1. 偏害/拮抗

葡萄酒酵母对乳酸菌的抑制作用已被广泛研究。抑制作用是由几种具有生物活性的酵母化合物介导的，而且往往涉及组合效应。

(1) 乙醇

酿酒酵母发酵产生的酒精对酒球菌 (*O. oeni*) 有一定的抑制作用。当产生的酒精浓度高于 8% (*V/V*) 时，会明显抑制细菌生长。所有酒球菌 (*O. oeni*) 菌株都能在 pH 值为 4.7 的 10%的乙醇中生存，乙醇浓度在 10%~14% (*V/V*) 之间，酒球菌 (*O. oeni*) 的生长被完全抑制。一般来说，乙醇的毒性随着 pH 值的降低而增加。

(2) 硫化物

在典型的葡萄酒 pH 值下，SO_2 以游离形式存在，包括分子 SO_2、亚硫酸氢盐

（HSO^{3-}）和亚硫酸（SO_3^{2-}）以及结合形式。酿酒酵母菌可以将硫酸盐还原成亚硫酸盐，然后并入含硫氨基酸或通过膜蛋白排出胞外，这种排出机制被认为是酵母细胞的一种解毒途径。释放的亚硫酸盐在酸性葡萄酒环境中变成亚硫酸氢盐和分子SO_2。一般来说，在葡萄酒的 pH 值下有更多的亚硫酸氢盐。然而，分子 SO_2 具有更高的抗菌活性。进入 LAB 细胞后，分子 SO_2 转化为亚硫酸氢盐和亚硫酸盐，从而释放出质子并酸化细胞液。SO_2 可以与各种细胞成分发生反应，如 ATP 酶和辅助因子 NAD+，从而抑制 LAB 的生长。其分子作用机制可能涉及破坏蛋白质中的二硫键。

有研究认为，添加到葡萄汁中的 SO_2，加上酵母产生的 SO_2，决定了乳酸发酵是否能够诱导成功。在实践中，SO_2 的数量取决于酵母菌株和葡萄汁的成分。尽管目前使用的大多数商业酵母菌株最多只产生 20 mg/mL 的 SO_2，但据报道，一些菌株能产生超过 100 mg/mL 的 SO_2。此外，低 pH 值能够增强 SO_2 的抑制作用。

（3）中链脂肪酸

酵母细胞中的中链脂肪酸（medium-chain fatty acids，MCFAs）是长链膜磷脂和挥发性酯的前体。它们可以通过简单的扩散释放到细胞外环境中，并损害细菌的生长和苹果酸-乳酸发酵。在 LAB 细胞中，MCFA 分子去质子化，导致细胞内酸化和跨膜梯度的消散，从而抑制 ATP 酶。

这种抑制作用与低 pH 值和乙醇有协同作用。重要的是，这种抑制作用是浓度依赖性的。例如，癸酸浓度超过 12.5 mg/L 和十二酸浓度超过 2.5 mg/L 时才会起到抑制作用，低于这些浓度时，这些化合物似乎对细菌生长有利。此外，己酸和癸酸与乙醇的联合作用比单独的 MCFAs 更具抑制作用。

（4）蛋白质和肽类

近年来的研究证实，酵母菌会产生能够抑制细菌的蛋白质和多肽（$<10kDa$）。其中有一种依赖 SO_2 的多肽，其机制可能涉及细胞膜的破坏。也有研究者用 TDH1-3（GAPDH 基因）缺失的酿酒酵母（*S. cerevisiae*）突变体进行混合培养，证实来自 GAPDH 的多肽有助于细菌的抑制。这种抑制机制可能是多肽与细菌的 DNA/RNA 结合，从而抑制 DNA 的复制和蛋白质的合成。

（5）小分子代谢物

其他的酵母代谢物也被发现参与了酵母与细菌的相互作用。例如，酵母产生的琥珀酸和消耗的苹果酸可以改变培养基的 pH 值，这是决定细菌生长和乳酸发酵的重要因素。酵母产生的 2-苯乙醇（2-PE）具有抗菌作用。其抗菌机制可能是通过抑制细胞膜上的糖和氨基酸运输系统以及大分子合成来起作用的。

（6）细菌拮抗酵母

据报道，乳酸菌属对酵母培养物的污染可通过各种机制造成酒精发酵停止。首先，由 LAB 代谢产生的短链羧酸，如乙酸，可能使酵母的细胞内环境酸化，加速酵母的死亡。细胞外 β-1,3-葡聚糖酶活性的存在意味着 LAB 有能力降解酵母细胞壁。类似细菌素的化合物也会抑制酵母的生长。

酒香酵母（*B. bruxellensis*）腐败是葡萄酒行业的一个严重问题，它给葡萄酒带来异味并改变其芳香质量。在酒精发酵之后和乳酸菌发酵之前的葡萄酒，由于其微生物的不稳定性，极其适合酒香酵母（*B. bruxellensis*）的生长。在实践中，提高酒球菌（*O. oeni*）的密度可以限制酒香酵母（*B. bruxellensis*）的发展，这意味着这种细菌对腐败酵母具有拮抗性。

2. 竞争

LAB 自己无法合成多种氨基酸（如谷氨酸、精氨酸和色氨酸）和维生素（如生物素和泛酸）。如果酵母菌在酒精发酵期间和死亡期结束前迅速耗尽这些营养物质，则将难以启动乳酸菌发酵。然而，一些研究表明，延长酵母死亡阶段并不一定能对酒球菌（*O. oeni*）产生抑制作用。酵母和 LAB 之间竞争的生物化学基础仍未被完全研究清楚。

3. 共生

（1）氮化合物

关于酵母对乳酸菌的刺激的相关研究目前仍不太详细。在实践中发现，当葡萄酒在酒精发酵后与酒糟接触时，酵母对乳酸菌的拮抗作用通常减少。细菌可以从酵母自溶过程中释放的营养物质，特别是含氮化合物中受益。在酵母自溶物的含氮部分中，小分子含氮物（<1kDa）对刺激细菌生长最有效，如精氨酸、异亮氨酸、谷氨酸和色氨酸；而大分子物质，如细胞壁多糖和蛋白质，可能缩短酒球菌（*O. oeni*）的滞后期并刺激其生长。酵母大分子可以诱导酒球菌（*O. oeni*）的氨基肽酶活性，将酵母的蛋白质水解成必需的氨基酸和肽，从而提高含氮营养物质的含量。

酵母方面的研究集中在酒精发酵和自溶过程中产生的细胞壁糖蛋白，如甘露糖蛋白。这些蛋白质可以吸附有毒的 MCFAs 和来自葡萄汁的酚类化合物，其中一些对 LAB 的生长有抑制作用。酒球菌（*O. oeni*）拥有 α-葡萄糖苷酶、β-葡萄糖苷酶、*N*-乙酰 β-葡萄糖苷酶和肽酶活性，因此可以从这些大分子中释放糖和氨基酸。

（2）小分子代谢物

LAB 可能能够从酵母衍生的多糖和糖结合的化合物中释放出自由糖作为碳水化合物来源。其他酵母的代谢物，如维生素、核苷酸和长链脂肪酸，可能对乳酸菌的生长和活动有刺激作用。然而，这个问题还没有得到广泛的研究。

酵母菌与细菌的相互作用是一个复杂的研究领域。各种因素，如 pH 值和乙醇，与其他因素具有协同作用。许多参与 LAB 刺激或抑制的酵母化合物仍未被确定。在未来的研究中，由于新的工具或方法的使用，将揭示如何利用这些因素，包括对菌种的设计和选择或调整培养基成分和发酵条件，来确保乳酸发酵成功进行。

13.3.3 细菌与细菌之间的相互作用

乳酸发酵通常在酒精发酵之后自然发生，通常是由酒球菌（*O. oeni*）引起的。然而，其他 LAB 属的菌种，特别是片球菌属（*Pediococcus*）、乳杆菌（*Lactobacillus*）和明串珠菌属（*Leuconostoc*），也存在于葡萄汁和葡萄酒中，并可能对葡萄酒质量产生积极或有害的影响。尽管这些细菌很重要，但人们对它们的相互作用知之甚少。

细菌向胞外分泌蛋白酶以产生维持其生长所需的氨基酸。因此，很可能一个菌株的胞外蛋白酶所释放的氨基酸会促进其他菌株的生长。遗憾的是，这种类型的互动从未被研究过。细胞外蛋白酶释放的氨基酸也是产生生物胺（BA）的前体，影响葡萄酒的卫生和感官质量。有报告说，酒球菌（*O. oeni*）和希氏乳杆菌（*L. hilgardii*）混合培养时，降低了酒球菌（*O. oeni*）的产量，但这种降低并不是由于抑制性物质或低 pH 值造成的，可能是因精氨酸的消耗导致的，因为精氨酸是酒球菌（*O. oeni*）生长的刺激物。对 BA 产生的分析表明，希氏乳杆菌（*L. hilgardii*）在与酒球菌（*O. oeni*）的混合培养中比在纯培养中产生更多的组胺。

乳酸菌在氧气存在的情况下产生 H_2O_2，它可以氧化巯基，导致酶的变性，也可导致膜脂质过氧化，并且可以作为形成超氧化物和羟基自由基的前体，损害 DNA。希氏乳杆菌（*L. hilgardii*）产生的过氧化物，已被证明会限制酒球菌（*O. oeni*）的生长。

13.3.4 基于信号的相互作用和细胞—细胞接触

群体感应（quorum sensing，QS）是一个用来描述细胞间交流的术语。这种感应机制是基于小信号分子的生产、分泌和探测，其浓度与介质中微生物的数量相关。对信号的感知会导致各种反应，如分泌毒性因子、启动生物膜形成、孢子繁殖、交配、生物发光和生产次级代谢物等。现在已经确定了几类来自细菌的信号分子，包括 *N*-乙酰同型内酯（AHLs）、呋喃核苷酸二酯和自诱导肽。对于酵母，碳酸氢盐、乙醛、氨、法尼醇、色醇和苯乙醇已被确定为 QS 分子。实验发现，在酒精发酵期间，QS 分子在从指数期到静止期的转变过程中被分泌。

有人认为，这些 QS 分子可能参与了酵母—酵母的相互作用，并导致非酵母菌早期生长的停滞，但这并不是唯一的机制。有研究显示，耐热克鲁维酵母（*K. thermotolerans*）和德尔布有孢圆酵母（*Torulaspora delbrueckii*）在与酿酒酵母

（*S. cerevisiae*）共培养中的早期生长停滞是一种细胞—细胞接触机制。同时，葡萄糖的摄取和氧气的可用性调节着德尔布有孢圆酵母（*Torulaspora delbrueckii*）和酿酒酵母（*S. cerevisiae*）的相互作用。有证据表明，当与酿酒酵母（*S. cerevisiae*）物理分离时，德尔布有孢圆酵母（*Torulaspora delbrueckii*）的存活率比在标准混合共培养中高得多。

一个主要的细胞—细胞接触机制是絮凝，即细胞粘连成团，通过沉淀迅速从介质中分离。酒精发酵后，酵母的絮凝形成了沉淀物，并促进了葡萄酒的澄清。细胞的絮凝可以发生在酵母菌种之间，也可发生在酵母与细菌之间。所有类型的絮凝似乎都是由凝集素—碳水化合物结合系统介导的。

目前还没有关于细菌在发酵条件下是否存在细胞—细胞接触或 QS 机制的研究。双层发酵罐是研究酵母和细菌的细胞—细胞接触机制和 QS 的有用工具。另一种可能有参考价值的方法是使用微流控设备，可用于研究细胞水平上的相互作用。

13.3.5　水平基因转移

微生物通过水平基因转移（horizontal gene transfer，HGT）交换遗传信息是其遗传适应和进化的一个主要因素。不同的细菌和酵母在葡萄上，以及在酒精发酵和乳酸发酵期间的密切接触，可能会促进酵母之间、细菌之间的 HGT。酿酒酵母（*S. cerevisiae*）EC1118 基因组序列包含三个由水平转移产生的基因簇。这些基因簇中的基因编码与酿酒过程的关键功能，如碳和氮的代谢、细胞运输和应激反应有关。这些结果表明，HGT 是葡萄酒酵母菌株适应其高糖、低氮环境的机制之一。对商业葡萄酒酵母菌株 EC1118 的基因组进行测序，发现了一个编码蛋白质的基因与巴氏酵母（*S. pastorianus*）特异性果糖同向转运蛋白基因 FSY1 非常相似。

13.4　葡萄酒微生物及其相互作用对葡萄酒感官特性的影响

13.4.1　葡萄酒微生物对酒品质的影响

1. 酵母

葡萄酒的酒精发酵是酵母将葡萄中的糖分分解成 C_2H_5OH 和 CO_2 和其他副产物的过程。在葡萄酒发酵过程中，将其中约 95%的糖转化为 C_2H_5OH 和 CO_2，酵母菌将 1%的糖转化合成细胞的物质，其余 4%被转化为其他的副产物。与葡萄酒酿造有关的酵母主要分为酿酒酵母和非酿酒酵母两种。葡萄酒中的酿酒酵母主导酒精发酵，因为酿酒酵母对酒精具有良好的抗性，在酒精较高的浓度下仍然可以发酵。酵母通过酵母多糖实现对葡萄酒品质的影响。从酵母细胞中分离出的酵母多糖具有很好的抗氧化性，可以提升葡萄酒的馥郁性，也可以使葡萄酒的产香物质更加稳定，从而提高香气的持久性。而非酿酒酵母则通过其自身的氧化代谢反应使葡萄酒中的酒精含量降低。非酿酒酵母在发酵中可产生脂类、高级醇、甘油、萜烯醇等风味物质。酵母不仅可以通过代谢产生芳香类物质，还可以产生多种胞外酶，胞外酶将葡萄汁中的底物分解并释放出相应的香气成分。当然葡萄酒感染某些酵母后也会对葡萄酒产生一定的危害，其主要表现在以下方面：①酵母可以利用葡萄酒中的残糖导致葡萄酒再次发酵。②酵母发酵过程中可产生过量的脂类物质；酵母产生过量的脂类以乙酸乙酯和乙酸甲基丁酯为主。葡萄酒中乙酸乙酯超 200 mg/L，乙酸超 0. 6 mg/L 时，葡萄酒则被认为发生了腐败。③产生 H_2S 等含硫化合物和产膜；葡萄酒中的难闻气味通常是因酵母产生了含硫化合物而产生的。如果葡萄酒被酒花菌所污染，酒花菌会在葡萄酒的酒液表面生成一层灰白色的或暗黄色的薄膜。酒花菌还可使酒中乙醇氧化，使得酒精含量降低致使葡萄酒酒味变淡，并产生难闻的过氧化味。④在成品葡萄酒中酵母利用其中残糖继续发酵造成葡萄酒瓶中生成沉淀。

2. 霉菌

在潮湿的环境中，葡萄浆果很容易受到霉菌的侵染，使果皮破裂、汁液外流，造成损失。但是如果在干燥季节，在特殊的气候条件下，果皮上感染灰霉菌的孢子，果皮生霉成孔，促进水分蒸发，葡萄果汁的含糖量增加，同时带来特殊的风味，这就是生产“贵腐葡萄酒”的宝贵原料。随后，将葡萄浆果破碎取汁，进行正常的酒精发酵，因为灰霉菌不能在发酵的葡萄酒（汁）中生长繁殖，也不会产生黄曲霉毒素而污染葡萄酒，所以具有特殊风味的“贵腐葡萄酒”在国际葡萄酒市场上占有一席之地。

对于其他霉菌，如黑曲霉属、里氏木霉、米曲霉等具有高产 β-葡萄糖苷酶的活性的霉菌，将其糖苷酶应用于葡萄酒生产实践中发现，黑曲霉是生产 β-葡萄糖苷酶效率最高的菌种之一，对葡萄香气糖苷的催化水解作用最显著，可以改善葡萄酒的风味，而且通过其作用产生的香气成分种类和含量高于其他霉菌菌株的糖苷酶，尤其是萜烯醇类化合物含量。目前，利用霉菌进行葡萄酒酿造方面的研究报道很少，在“贵腐葡萄酒”特殊风味形成和霉菌糖苷酶开发利用研究领域，具有很大的研究空间。

3. 细菌

在进行葡萄酒发酵过程中，对葡萄酒产生重要影响的细菌主要是乳酸菌（LAB）和醋酸菌（AAB）。在葡萄酒发酵中的作用是促使葡萄酒进行乳酸发酵，在苹果酸乳酸酶的作用下，LAB 会将 L-苹果酸转化为 L-乳酸和 CO_2。葡萄酒中如果苹果酸过多会使葡萄酒口感偏酸涩，使葡萄酒的酒体粗糙。LAB 通过乳酸发酵过程可以使苹果酸转化为口感更加柔和的乳酸，从而降低葡萄酒酸度。乳酸菌群落的多样性与葡萄酒中酸类物质、醇类物质、醛类物质、萜烯类和酚类等物质含量有关。通过乳酸发酵可以提升葡萄酒的生物稳定性、增加葡萄酒色度、香气复杂度以及改善酒体。乳酸发酵对葡萄酒也有一些不利影响，如一些细菌菌株产生的 β 葡聚糖会围绕在菌株周围形成油腻病。LAB 通过降解甘油形成苦味对葡萄酒的口感造成不好影响，导致葡萄酒品质下降。

醋酸菌在葡萄酒中是危害最大的微生物，醋酸菌会使葡萄酒中的乙醇氧化，在葡萄酒中生成乙酸、乙酸乙酯、3-羟基丁酮以及多糖类物质等。醋酸菌会在葡萄酒陈酿的过程中在葡萄酒的酒液表面生成一层淡灰色的薄膜，开始为透明的，之后薄膜的色泽会渐渐变暗，有时会形成一种玫瑰色的薄膜，并且会出现皱纹，此后薄膜的部分脱落沉入葡萄酒的桶底，形成一种具有黏性的稠密的物质——醋母。当葡萄酒被醋酸菌污染时会产生刺鼻的醋酸味、坚果味、腐烂的苹果味和一些其他的一些不好的气味。

13.4.2　葡萄酒微生物相互作用对酒品质的影响

葡萄酒中微生物之间的相互作用对葡萄酒的感官和卫生特性具有重要的影响。根据相互作用的类型，不同的菌种被刺激生长或被抑制生长，而不同的酵母种类有不同的芳香特性，因此，那些在竞争中存活下来的微生物决定了葡萄酒的最终质量。各种微生物存在于葡萄上、葡萄汁中以及在酒精发酵和乳酸发酵期间。

酵母菌种之间的相互作用影响了葡萄酒的成分。非酿酒酵母菌与酿酒酵母一起存在会导致酒精浓度降低，萜类、酯类、高级醇、甘油、乙醛、乙酸和琥珀酸的浓度增加。非酿酒酵母菌中存在特殊的酶，如非酿酒酵母编码的糖苷酶能从非挥发性前体释放挥发性化合物。其他非酿酒酵母菌的胞外酶，如蛋白质分解酶和分解果胶的多聚半乳糖醛酸酶，也是造成用纯培养的酿酒酵母菌和用非酿酒酵母菌混合培养的葡萄酒成分之间存在差异的原因。关于这种共同培养（共同发酵）的感官效果的文献非常丰富，然而，这些感官特征与酵母—酵母相互作用之间的联系还没有报道。

在酒精发酵结束时，每个香气化合物的丰度取决于几个因素：存在的每个酵母菌种的特性和生物量，每个酵母菌种的存活时间，发酵速度，当然还有酵母菌种之间的互动机制。例如，有研究证明了美极梅奇酵母（*M. pulcherrima*）和酿酒酵母（*S. cerevisiae*）之间存在协同效应（正向互动），导致芳香化合物的浓度高于每个单体培养中相同芳香化合物的浓度之和，与生物量无关。德尔布有孢圆酵母（*Torulaspora delbrueckii*）和酿酒酵母（*S. cerevisiae*）共培养时，芳香化合物的概况与单体培养的概况相一致。白色念珠菌（*Candida zemplinina*）和酿酒酵母（*S. cerevisiae*）

共培养中的芳香化合物浓度低于白色念珠菌（*Candida zemplinina*）单培养，表明这两种酵母菌之间存在消极的相互作用。

酵母菌共培养对香气特征的影响已被广泛研究，而 LAB，特别是酒球菌（*O. oeni*）对酵母菌的影响则受到较少关注。一些研究表明，由于拮抗作用，酵母—细菌共同接种会使发酵停止或迟缓，导致葡萄酒醋酸浓度高，产生异味。另一方面，一些报告描述了由于酵母和细菌的共同接种而使葡萄酒质量得到改善。

13.5 未来展望

基因组学、转录组学、蛋白质组学、代谢组学和其他全组学技术已被用于废水生态学、植物—土壤生态学、食品工业和与健康有关的宿主—微生物生态学的调查。这些技术能够提供很多微生物间相互作用的信息，比如，说明单个细胞在微生物群落中是如何反应的，以及微生物菌种之间、微生物与环境之间如何相互作用。

13.5.1 组学方法

研究这些系统的一个核心目标是了解不同菌种的种群动态。在过去的 20 年里，微生物的分析技术得到了发展，这主要是由于有了相对廉价和高效的测序技术；这些技术使人们对微生物群落的组成及其对环境扰动的时间变化有了深入了解。经典的方法是先从群落中分离出单一物种，然后进行培养和 DNA/RNA 提取。DNA/RNA 被用于个体生物量的测定和功能研究，以发现与其他菌种相互作用有关的基因。然而，这种方法对于了解群落组成和相互作用的基因来说是非常耗时的。更重要的是，只有一小部分微生物被成功分离和培养。因此，目前的检测方法正在转向基于提取总 DNA/RNA 的群落分析。一种常见的免分离技术涉及 16S rRNA 基因的测序（真核生物为 18S rRNA），因为它包含保守的引物结合点和不同细菌菌种的特征序列。这种技术可以快速捕捉到微生物群体在特定阶段的组成情况。最近，全基因组测序方法，特别是全基因组猎枪（whole-metagenome shotgun，WMS）测序和 RNA-Seq（全转录组猎枪测序），探索了微生物的全基因组而不是单一的 rRNA 基因，增加了关于基因功能和表达水平的信息。这些全基因组学方法可以深入了解不同微生物在群落中的作用，并预测群落的代谢潜力。比如，分析肠道微生物组与宿主的相互作用，植物与微生物的相互作用以及混合培养发酵中细菌与真菌的相互作用。

蛋白质组学和代谢组学的方法已经被开发出来，能加强基因功能注释，并完善微生物间小分子和肽信号的作用机制。通过蛋白质组学方法确定的蛋白质生物标志物为微生物的代谢功能提供了比以前更清晰、更可靠的信息。高通量质谱法已被用于研究微生物的蛋白质组学。一旦群落蛋白被测序，就可以与相应的基因组序列进行比对，从而将代谢功能与单个微生物菌种联系起来。通过观察蛋白质的功能，可以阐明群体成员的各种作用。该研究还根据未知蛋白质在细胞中的定位、其丰度和蛋白质—蛋白质的相互作用来预测其功能。

代谢组学是通过研究一种微生物产生的、反映其代谢途径的全套代谢物，从而揭示其生理状态的一种技术。非靶代谢组学揭示了群落内物种间的协同关系、代谢物的交换和细胞间的信号传递。由于前所未有的超高精度的质量测量，代谢组学与微生物组学相结合，可以通过基于网络的方法进一步识别尚不清楚的代谢物标记。

13.5.2　组学后建模

由于先进的高通量技术，出现了大量的组学项目。现在有可能结合所有不同组学方法的数据，用来解释单个微生物菌种甚至整个微生物生态系统的所有途径。一种可能性是开发一个由具有测序基因组的菌株组成的相互作用模型，其中，菌株之间交换的产物可以从生化和基因方面推断出来。这样可以为每个菌种建立基因组尺度的代谢模型（genome-scale metabolic models，GEM），从而可以直接使用代谢网络而不是路径。GEM 的构建不仅需要全网络的组学数据，还需要关于微生物和生化反应的详细信息。

一旦构建的网络被转换为数字化表示，计算机就可以被用来研究网络的特性。通量平衡分析（flux balance analysis，FBA）是研究这类模型中微生物相互作用的首选方法。这种调查方法较路径动力学分析的优势在于，即使在复杂的网络中也能保持预测的准确性。该技术已被应用于酵母共培养模型，并成功地预测了提高批量乙醇生产率的接种浓度和通气水平。

13.5.3　未来的葡萄酒组学

由于对各种组学数据的利用，对微生物相互作用的研究重点正在从成分性转向功能性，从针对性转向非针对性，从静态转向动态，从描述性转向预测性。葡萄酒微生物之间的相互作用研究是这些组学方法发展的主要受益者。尽管酿酒酵母（*S. cerevisae*）的 GEM 模型是最早的模型之一，但其他葡萄酒微生物的高质量 GEM 模型还很缺乏。尽管葡萄酒成分具有巨大的可变性，但随着这一领域的不断发展，将会建立部分动态的葡萄酒微生物模型。预计这种模型将有助于预测微生物的种群动态和生化活动，并在整个酿酒过程中提供有关葡萄酒香气的信息，这将有利于更好地控制酵母和细菌混合培养的过程，从而改善葡萄酒的感官特性。

第 14 章　葡萄酒品质分析

葡萄酒是以新鲜葡萄或葡萄汁作为原料，经发酵酿制而成，其主要成分包括水、乙醇、酸、酚类化合物和芳香物质等。这些成分不仅赋予葡萄酒一定的营养价值，同时也决定了葡萄酒的品质。但由于葡萄原料、酿酒的相关设备和生产过程中温度、土壤、光照和水质等生态因素，以及工艺技术的差异使得成品葡萄酒的品质各异，因此，如何评价和鉴定成品葡萄酒的品质显得至关重要。

葡萄酒品质的评价和鉴定主要涉及葡萄酒中的挥发性成分和非挥发性成分的检测，采用的检测方法包括感官评价法、物理分析法、化学分析法和仪器分析法。在我国葡萄酒相关的国家标准中明确规定了感官评价指标、理化指标、卫生指标等要求，并给出了具体的检测方法。因此，本章在阐述葡萄酒品质分析方法中，对国标已涉及的内容仅做简要介绍，而重点阐述葡萄酒香气成分的检测方法。

14.1　国标法

对于葡萄酒的感官要求、理化要求、卫生要求等指标和分析方法都有相应的国家标准。这些标准涉及《GB 15037—2006 葡萄酒》《GB/T 27586—2011 山葡萄酒》《GB/T 15038—2006 葡萄酒、果酒通用分析方法》《GB 2758—2012 食品安全国家标准　发酵酒及其配制酒》《GB 2762—2017 食品安全国家标准　食品中污染物限量（含第 1 号修改单）》《GB 2761—2017 食品安全国家标准　食品中真菌毒素限量》《GB 5009.266—2016 食品安全国家标准　食品中甲醇的测定》《GB 5009.225—2016 食品安全国家标准　酒中乙醇浓度的测定》等。其中，用于葡萄酒品质分析的方法最常用的主要是感官分析和理化分析。

葡萄酒的感官分析又叫品酒、评酒，是指评酒员通过眼、鼻、口等感觉器官对葡萄酒的外观、香气、滋味及典型性等感官特性进行分析评定的一种分析方法。葡萄酒的成分极为复杂，且不同葡萄原料、不同土壤、不同气候特征、不同工艺措施、不同贮藏条件等都会赋予葡萄酒不同的感官特征。在葡萄酒品评过程中，也会由于品评时间、地点、环境、氛围、葡萄酒的温度，甚至品评者的健康状况及情绪的不同而有不同的感官特征。葡萄酒产品质量的检验，单单依靠化学分析或仪器测量，即便所有的理化指标完全符合国家标准或国际标准也不能表明其综合质量为最好，因此，感官分析是葡萄酒品质控制和质量检验最重要、最关键的组成部分。

理化分析主要从酒精度、总糖和还原糖、干浸出物、总酸、挥发酸、柠檬酸、二氧化碳、二氧化硫、铁、铜、甲醇、抗坏血酸、糖分和有机酸以及白藜芦醇 16 个方面对样品葡萄酒的成分进行测定。

14.2　香气分析

目前，在葡萄酒香气分析中，采用的方法主要有液—液萃取、顶空技术、固相微萃取、搅拌棒萃取法等，而且，这些方法需要与气相色谱、液相色谱、质谱法联合使用，以达到定性和定量的检测目的。

14.2.1　液—液萃取法

液—液萃取法（liquid-liquid extraction，LLE）是利用相似相溶原理选择不同的溶剂提取香气成分。其具有成本低、易操作、不需特别的辅助仪器，而且重现性、准确性也较好的特点。LLE 常与气相色谱（GC）或气相色谱—质谱联用仪（GC-MS）联合使用。如曾游等采用 LLE 法，用 3 mL 葡萄酒样、7 mL 水、4.5 g 硫酸铵和 60 μL 0.02%（*V/V*）的内标（4-甲基-2-戊醇）溶液混合，再加入 0.5 mL 二氯甲烷作为萃取溶剂，涡旋 10 min 后离心 10 min，取下层提取物进行气相色谱分析，以 ZB-WAX 毛细柱（30 m×0.25 mm×0.25 μm）为分析用色谱柱，柱温 40℃保持 5 min 后以 3℃/min 升温至 190℃，保持 10 min；载气为高纯氮气，流速为 1.5 mL/min；进样量 0.5 μL；进样口 200℃；不分流模式进样，以 FID 为检测器。该方法能较好分离出葡萄酒中 63 种化合物，其中用标准物质定性了 30 种香气成分，包括 9 种醇类、11 种酯类、8 种酸类、2 种醛酮类。所定性香气成分的定量结果重复性良好，有 28 种成分 RSD%小于 10%；采用内标法进行定量分析，定量准确性高，有 28 种成分回收率在 85%～120%之间。

14.2.2　顶空技术

顶空技术（headspace techniques）是葡萄酒香气成分分析最常用的方法，是指把葡萄酒密封在一个容器中，通过加热使葡萄酒香气物质聚集在容器顶部空间，然后通过进样器收集香气物质，再注入分析系统中，就能对其组分进行分析。这种方法的主要特点是简单、快速，没有溶剂污染，被分析的风味物质接近食品的真实风味。常用的顶空技术可分为静态顶空、动态顶空、固相微萃取。

1. 静态顶空

静态顶空（static head space，SHS）又称为“一步气体萃取”，从原理上讲是最简单的顶空技术。在 SHS 中，将样品置于一个密闭的容器中，挥发性成分在样品基质和周围顶空物之间达到平衡后，用气密性注射器抽取样品上方气体进行分析，随后载气流将顶空气体导入色谱柱，各挥发性成分在色谱柱中被分离（图 14-1）。根据测定结果的分析，可以确定原样品中挥发性成分的种类及其浓度。SHS 法用于定性分析非常简便，但仅适于高度挥发性或高含量组分的检测。

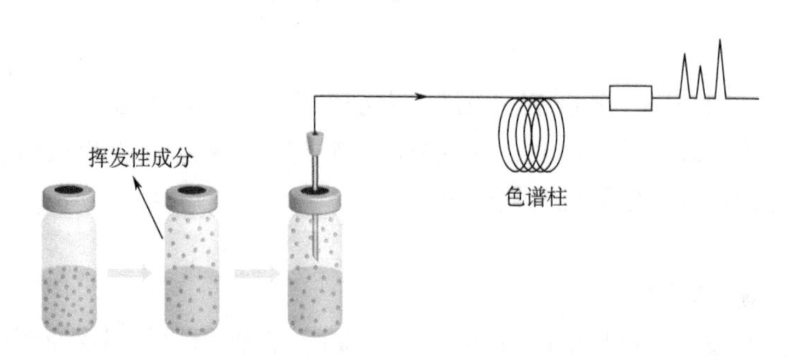

图 14-1　静态顶空技术

现在的 HS-GC 设备分为两种类型。一种是通过一个自动注射器从顶空提取等分试样，再移动到气相色谱的进样口，注入样品。这个系统与气相色谱上的自动取样器本质上是相似的。另一种类型是向样本瓶中充入运载气体到预设压力，再用高于进气口的压力将其压入色谱柱。

有的时候尽管提高了平衡点温度，样品瓶中顶空气体待测组分的浓度仍然太低，可能是它们的蒸汽压本来就很低。这时可通过加大进样量的方法来解决这个问题。但是，这样做常会降低系统的分辨率，对先出来的峰影响很大。若谱图中的峰出现较晚，问题反而不大，因为固定相通常有聚集效应。即使用了内径稍大的毛细管柱和略厚的固定相膜，以及通过延长传送时间来增加进样量，所得到的图谱中先出来的峰仍会明显缩小，这是由进入色谱柱的初始样品带过长造成的。

影响静态顶空—色谱分析葡萄酒香气的因素有：

（1）样品的性质

顶空—GC 最大的优点是不需对样品做复杂的处理，而直接取其顶空气体进行分析，我们不用担心样品中的不挥发性组分对 GC 分析的影响，但是样品的性质仍然对分析结果有直接影响。

实际应用中有一些消除或减少基质效应的方法，主要是：

①利用盐析作用。即在葡萄酒样品中加入无机盐（如硫酸钠）来改变挥发性组分的分配系数。实验证明，盐浓度小于 5%时几乎没有作用，故常用高浓度的盐，甚至是饱和浓度。需要指出的是，盐析作用对极性组分的影响远大于对非极性组分

的影响。

②调节溶液 pH 值。对于碱和酸，通过控制 pH 值可使其解离度改变，或使其中待测物的挥发性变得更大，从而有利于分析。

（2）样品量

样品量是指顶空样品瓶中的样品体积，有时指进入 GC 的样品量。其实后者应称为进样量。在顶空—GC 分析中，进样量是通过进样时间或定量管来控制的，它还受温度和压力等因素的影响。其实，顶空分析中绝对进样量没有多大意义，重要的是进样量的重现性，只要能保证进样条件的完全重现，也就保证了重现的进样量。即使在定量分析中，一般也不需要知道绝对进样量的数值。样品量要依据样品体系的性质来决定。

与样品量有关的另一个问题是其重现性。因为静态顶空 GC 往往只从一个样品瓶中取样一次，要做平行实验时，则需要制备几份样品分别置于不同样品瓶中。这时每份样品的体积是否重现也影响分析结果。待测组分的分配系数越小，样品体积波动所造成的结果误差也就越大；反之，分配系数越大，这种影响就越小。然而，在实际工作中，样品体系的分配系数往往是未知的，因此，建议任何时候都要尽量使各份样品的体积相互一致。

具体分析时，样品体积还与样品瓶的容积有关。样品体积的上限是充满样品瓶容积的 80%，以便有足够的顶空体积便于取样。常采用样品瓶容积的 50% 为样品体积。样品性质、分析目的和方法是决定样品体积的主要因素。

（3）平衡温度

样品的平衡温度与蒸汽压直接相关，它影响分配系数。一般来说，温度越高，蒸汽压越高，顶空气体的浓度越高，分析灵敏度就越高。待测组分的沸点越低，对温度越敏感。因此，顶空—GC 特别适合于分析样品中的低沸点成分。但就这个角度来说，平衡温度高一些对分析是有利的，它可以缩短平衡时间。

实际工作中往往是在满足灵敏度的条件下，选择较低的平衡温度。这是因为，过高的温度可能导致某些组分的分解和氧化（样品瓶中有空气）。顶空—GC 分析也必须保证温度的重现性。除了平衡温度外，取样管、定量管以及与 GC 的连接管都要严格控制温度，这些温度往往要高于平衡温度，以避免样品的吸附和冷凝。

（4）平衡时间

平衡时间本质上取决于挥发性分子从样品基质到气相的扩散速度。扩散速度越快，即分子扩散系数越大，所需平衡时间越短。另外，扩散系数又与分子尺寸、介质黏度及温度有关，温度越高，黏度越低，扩散系数越大，所以，提高温度可以缩短平衡时间。

由于样品的性质千差万别，所以平衡时间很难预测，一般要通过实验来测定。方法是用一系列的样品瓶（5~10 个）装上同一样品，每个样品瓶采用不同的平衡时间，然后进行 GC 分析。用待测物的峰面积对平衡时间做图，就可以确定平衡时间。当平衡时间超过一定时间时，峰面积基本不再增加，证明样品达到了平衡。

葡萄酒样品的平衡时间，除了与样品性质、温度有关外，还取决于样品体积。体积越大，所需平衡时间越长。对于分配系数小的组分，加大样品体积可以大大提高分析灵敏度，所需平衡时间相对增加；对于分配系数大的组分，加大样品体积对提高灵敏度作用甚微，故可用小的样品体积来达到缩短平衡时间的目的。

缩短葡萄酒样品平衡时间的另一个有效办法是采用搅拌技术。对于分配系数小的样品，采用搅拌方法可显著缩短平衡时间，但对于分配系数大的样品影响就相对小得多。

（5）与样品瓶有关的因素

顶空样品瓶的要求是体积准确、能承受一定的压力，密封性能良好，对样品无吸附作用，现在大多采用硼硅玻璃制成的顶空样品瓶，其性能能满足绝大部分样品的分析要求。顶空样品瓶最好只用一次，若要反复使用，就一定要清洗干净。建议的清洗方法是：先用洗涤剂清洗（太脏的瓶子可用洗液浸泡），然后用蒸馏水洗，再用色谱醇乙醇冲洗，最后置于烘箱中烘干。也可用甲醇，更容易挥发干净，但毒性较大。对于新购的样品瓶，一般可以不经清洗直接使用，但要注意供货商的信誉。

密封盖由塑料或金属盖加密封垫组成，有可多次使用的螺旋盖和一次使用的压盖两种。密封垫在刺穿一次（取样）之后，就可能会漏气，而且内衬垫扎穿之后就失去了保护作用，橡胶基体有可能吸附样品组分。所以，需要从一个样品瓶多次进样时，最好连续进行，不要把扎穿过密封垫的样品瓶放置一段时间后再用。在制备样品时，要将样品全部加入后再密封。比如加内标物时，若密封好再往瓶中加，就要扎穿密封垫，这对分析是不利的。

2. 动态顶空

动态顶空（dynamic head space，DHS）又称为吹扫—捕集法（purge and trap，PT），使用吹扫气体连续萃取样品，将一些组分吹出，然后通过冷冻浓缩技术或使用吸附浓缩技术将这些组分浓缩，再热解析进行 GC 分析。它是“连续气体萃取”，不必等到样品瓶中两相达到平衡和抽取等分的顶空样品进行测定（图 14-2）。

动态顶空一般采用氦气作为吹扫气，将其通入样品瓶中，在持续的气流吹扫下，样品中的挥发性组分随氦气逸出，并通过一个装有吸附剂的捕集装置进行浓缩。在一定的吹扫时间之后，待测组分全部或定量地进入捕集器。此时，关闭吹扫气，内切换阀将捕集器接入 GC 的载气气路，同时快速加热使捕集管吸附的样品组

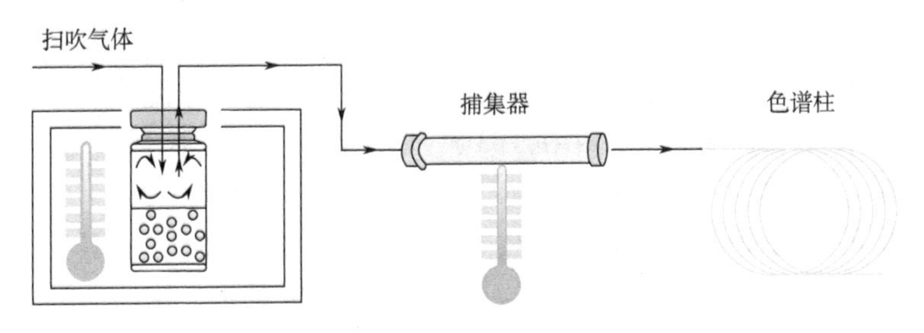

图 14-2　动态顶空技术

分解吸后随载气进入 GC 分离分析。所以，吹扫—捕集的原理就是：动态顶空萃取—吸附捕集—热解吸—GC 分析。

3. 固相微萃取

固相微萃取（solid-phase microextraction，SPME）是在固相萃取的基础上结合顶空萃取发展起来的一种新的萃取分离技术，通过一根熔融石英纤维丝或涂有一层具有选择性固相或液相聚合薄膜的石英纤维头对样品中有机成分进行萃取富集。SPME 实验过程见图 14-3。分析物被纤维相吸收或吸附（取决于外层的性质），直到体系达到平衡。平衡时分析物被萃取的量取决于分析物在样品和外层材料之间分配系数（分配率）的大小。

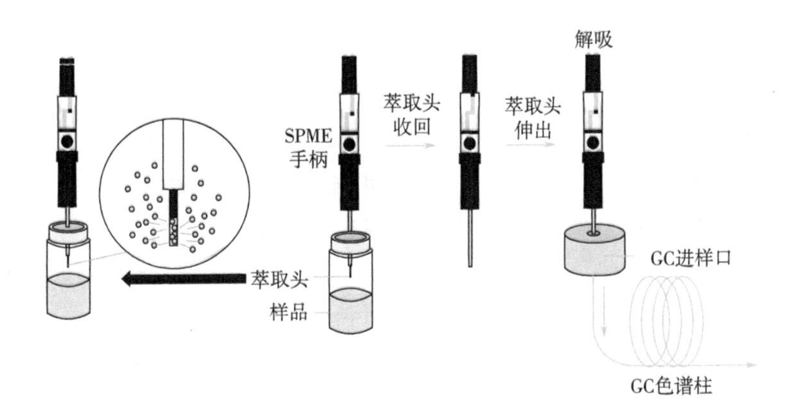

图 14-3　固相微萃取技术

SPME 有两种萃取方式：一种是将萃取纤维直接暴露在样品中的直接萃取法；另一种是将纤维暴露于样品顶空中的顶空萃取法。对于葡萄酒的香气分析，后者是最常用的方法。SPME 萃取待测物后可与气相色谱（GC）或液相色谱（LC）联用进行分离。对于气相色谱（GC），萃取纤维插入进样口后进行热解吸，而对于液相色谱（LC），则是通过溶剂进行洗脱。使用的检测器可以是氢火焰离子化检测器

(FID)、火焰光度检测器 (FPD)、电子捕获检测器 (ECD)、原子发射光谱检测器 (AED) 等。例如，孙娜等人利用固相微萃取结合气相色谱—质谱联用，测定3个年份的长白山野生山葡萄酒中共存在153种挥发性成分，其中酯类56种、醇类30种、醛类2种、酮类11种、酸类5种、烃类25种、苯环类16种、其他类物质8种；3个年份的山葡萄酒中含有24种相同成分；随着年份的增加，其挥发性物质的种类和质量浓度也增加，其风味更加丰富浓郁。其研究结果显示酯类和醇类物质是山葡萄酒主要的风味成分。

影响固相微萃取的分析结果的因素有：

(1) 外涂层纤维的选择

目标分析物的化学性质决定了使用何种涂层纤维。一个简单通用的规则——“相似相溶”原理在选择相外层时有很好的应用。外层的选样主要是依据分析物的极性和挥发性（表14-1）。如聚二甲基硅氧烷（PDMS），它性质稳定，能耐注射口达300℃的高温。PDMS是一种非极性涂层，它能很好地萃取非极性分析物并有很宽的动力学线性范围。同时，当达到优化萃取条件时，它也能成功应用于极性化合物的萃取。

表14-1　固相微萃取头类型及其萃取范围

萃取头类型	萃取范围
75 μm Carboxen/PDMS 固相微萃取头	用于气体和小分子量化合物
85 μm Carboxen/PDMS 固相微萃取头	用于气体和小分子量化合物
7 μm PDMS 固相微萃取头	用于非极性大分子量化合物
30 μm PDMS 固相微萃取头	用于非极性半挥发性化合物
100 μm PDMS 固相微萃取头	用于挥发性物质
65 μm PDMS/DVB 固相微萃取头	用于挥发性物质、胺类、硝基芳香类化合物
85 μm，Polyacrylate，固相微萃取头	用于极性半挥发性化合物
50/30 μm，DVB/CAR/PDMS，Stableflex 固相微萃取头	用于香味物质（挥发性和半挥发性 C3－C20）(MW40-275)
60 μm PDMS/DVB 固相微萃取头（用于 HPLC）	用于胺类活性化合物
50/30 μm DVB/Caron PDMS 固相微萃取头（2 cm）	用于香味物质（挥发性和半挥发性 C3－C20）(MW40-275)

(2) 其他因素

与静态顶空技术相似，固相微萃取技术测定时，在收集香气成分时也要考虑搅拌、盐析、平衡时间、平衡温度、样品量、样品瓶体积等因素的影响。

14.2.3　固相萃取

固相萃取（solid phase extraction，SPE）就是利用固体吸附剂将液体样品中的目标化合物吸附，与样品的基体和干扰化合物分离，然后再用洗脱液洗脱或加热解吸附，达到分离和富集目标化合物的目的（图 14-4）。固相萃取作为样品前处理技术，在实验室中得到了越来越广泛的应用。

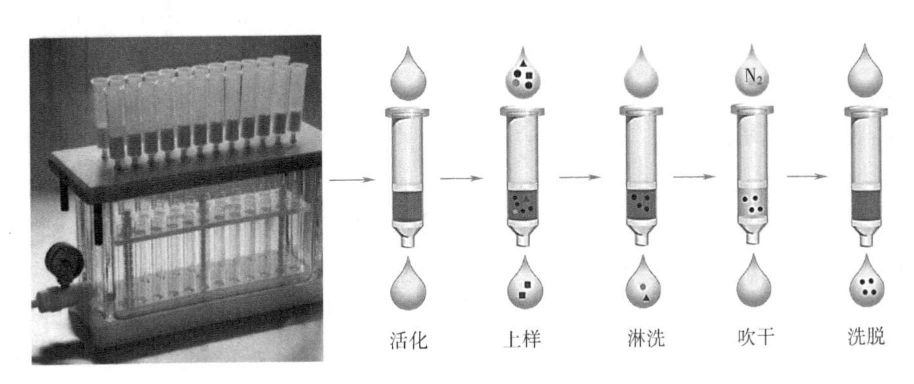

图 14-4　固相萃取技术

固相萃取一般包括以下 6 个步骤：

1. 选择 SPE 小柱

首先应根据待测物的理化性质和样品基质，选择对待测物有较强保留能力的固定相。若待测物带负电荷，可用阴离子交换填料，反之则用阳离子交换填料。若为中性待测物，可用反相填料萃取。SPE 小柱的大小与规格应视样品中待测物的浓度大小而定。对于浓度较低的样品，一般应选用尽量少的固定相填料萃取较大体积的样品。葡萄酒风味成分的分析一般常选用 C18 作为吸附剂。

2. 活化

萃取前先用充满小柱的溶剂冲洗小柱或用 5～10 mL 溶剂冲洗吸附剂。一般可先用甲醇等水溶性有机溶剂冲洗填料，因为甲醇能润湿吸附剂表面，并渗透到非极性的硅胶键合相中，使硅胶更容易被水润湿，之后再加入水或缓冲液冲洗。加样前，应使 SPE 填料保持湿润，如果填料干燥会降低样品保留值，而各小柱的干燥程度不一，则会影响回收率的重现性。

3. 上样

样品处理好后直接倒入已活化的固相萃取柱中，依据不同样品的实际情况选取不同的方式，如离心、抽真空、加压及重力等，使样品可以从萃取柱中完全通过。

4. 淋洗

取适当的有机溶剂加入固相萃取柱中，除去其他的不需要物质，并将废液弃去。

5. 洗脱待测物

通过使用适当洗脱剂洗脱目标物，并对淋洗液进行收集。在进行洗脱操作的时候，一定要遵循多次少量的原则。

6. 浓缩

若洗脱液中含有水分，取 5~7 g 的无水硫酸钠制成简易干燥柱，实施脱水操作。把洗脱液放于水浴锅上（40℃），使用氮气进行吹脱，使洗脱液挥发，将目标溶液浓缩至 0.5~1.0 mL，然后转移到容量瓶中进行定容，待上机检测。上机检测时可根据待测物的性质和检测目的采用 GC、LC、CG-MS、LC-MS 等仪器分析法。

14.2.4 搅拌棒萃取法

搅拌棒萃取法（stir bar sorptive extraction，SBSE）是利用附有涂层的搅拌棒进行搅拌，对挥发性物质进行萃取，然后热脱附进行分离分析（图 14-5）。有研究发现 SBSE 提取的醇类化合物的量是 SPME 法提取的近 4 倍。可见，对相同实验对象采用 SBSE 法能捕集葡萄酒中一些极少量成分，从而更加全面地鉴定葡萄酒的香气成分。

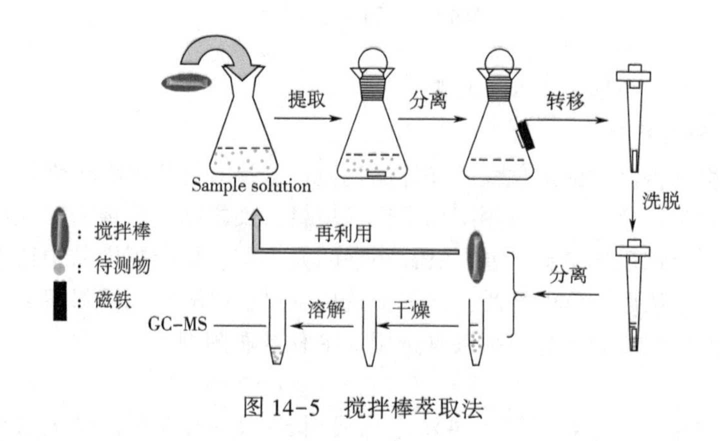

图 14-5 搅拌棒萃取法

14.3 其他方法

14.3.1 紫外—可见光谱分析法

紫外—可见光谱分析法（ultraviolet visible spectrometry）是根据价电子的跃迁，利用物质的分子或离子对紫外和可见光的吸收所产生的紫外可见光谱及吸收程度对物质的组成、含量和结构进行分析、测定、推断的一种方法。有学者分别对不同档次的赤霞珠干红和不同品种酿酒葡萄酿制的葡萄干酒的紫外可见光谱扫描分析。根据研究结果，得出了不同档次的赤霞珠葡萄酒在紫外光区吸收峰的丰度和响应值存在梯度差异的结论，结合光吸收数据及统计分析技术，可用于葡萄酒品质评价。对于不同酿酒葡萄酿制的葡萄酒，因在颜色和成分上差别较大，故可先通过大量的分析，建立一个不同酿酒葡萄酿制的葡萄酒的紫外—可见吸收光谱数据库，再辅助相应的对比统计软件，也可用于酿酒葡萄品质的鉴定。

14.3.2　可见分光光度法

可见分光光度法（visible spectrophotometry）是通过测定被测物质在特定波长处或一定波长范围内光的吸光度值或发光强度，对该物质进行定性和定量分析的方法。梁冬梅等在分光光度计波长 420 nm、520 nm、620 nm 处分别测定葡萄酒的吸光度值，三者之和即为葡萄酒的色度，研究讨论了不同 pH 值条件下的色度测定，直接法和稀释法测定的对比结果显示，不同 pH 值条件下，葡萄酒的色度也不同，生产中葡萄酒的最佳 pH 值范围应为 3.2~3.4。此外测定葡萄酒色度时，若吸光度值<0.5，则使用直接法测定；若吸光度值为 0.5~1.5，可用 10 倍稀释法测定；若稀释 10 倍后吸光度值仍>1.5，则可相应增大稀释倍数。

14.3.3　红外光谱法

红外光谱技术（infrared spectroscopy，IR）是利用化学物质（原子、基团、分子及高分子化合物）所具有的发射、吸收或散射光谱的特征，来确定其性质、结构和含量。一定的分子官能团总是对应于一定的特征吸收频率，因此可以利用 IR 来分析分子的结构。

IR 技术具有简化葡萄酒分析步骤、减少分析时间、无损环保、普适性强等特点，与化学计量学结合可实现复杂样品的多组分检测和分类鉴别，是一种快速无损的鉴别检测技术，已被广泛地应用于农业、石油、食品、烟草、医药等行业的品质分析和质量控制，其在葡萄酒行业也日益受到关注与应用。近年来，国内外有关红外光谱技术在葡萄酒的品种、产地、年份、陈酿方式及其他方面的分类识别与品质鉴别的研究已经取得了一定的进展，所采用的方法主要是近红外光谱法和中红外光谱法。其中，近红外光谱在葡萄酒品质鉴定方面的研究相对较多。

近红外光谱（near-infrared spectroscopy，NIR）技术，其波段是介于可见光和中红外光之间的电磁波，一般有机物在该谱区的吸收主要是含氢基团（C—H、O—H、N—H、S—H 等）的倍频与合频的吸收。NIR 分析技术与常规分析技术不同，它是一种间接分析技术，必须建立校正模型对未知样品进行定性分析，校正模型的建立是其技术的核心所在。中红外光谱（mid-infrared spectroscopy，MIR）分析技术利用的是分子基频振动信息，且信息特征性强，适于IR的定性和定量分析，对近红外区观察不到的C—O、C—N和C—S等基团的分子振动很敏感。葡萄酒化学组分复杂，其中一些含量低但对其品质起决定性作用的组分物质是区别不同品种、产地、年份或其他信息的关键，相比NIR，它可以在MIR中体现。两者各有其优缺点，如表14-2所示。

表14-2　NIR与MIR分析技术的优缺点

NIR		MIR	
优点	缺点	优点	缺点
快速高效、分析成本低	吸收信号较弱，谱带多且相互重叠，信息解析困难	快速高效、分析成本低	精确解谱需专业人员解析
操作简单、高自动化	不适用于痕量分析	操作简单、高自动化	检测下限较高（>0.1 g/L）
无需消耗大量化学试剂	精确度不如标准方法	无需消耗大量化学试剂	相关产品标定分析
便于实现在线分析（利于酿酒全过程生产监测）	需大量代表性样品化学分析建模，不具普遍适用性	便于实现在线分析（利于酿酒全过程生产监测）	
样品一般无需预处理	葡萄酒定量分析时需与产品相关的定标	样品一般无需预处理	
谱图稳定且获取光谱容易	需依靠化学计量学方法对光谱数据分析，很难对最终结果直接作出解释	谱图稳定且获取光谱容易	
典型的无损分析技术		典型的无损分析技术；特征性强，检出限较NIR更高，通过解谱对未知样性质、结构及相对含量进行分析	

虽然IR技术应用于葡萄酒品质检测满足现代社会对食品安全检测技术的简便、快速、无损、实时在线和现场化测定的要求，但其需要与化学计量学方法结合才能更好地实施对葡萄酒样品的定性分类及理化成分检测分析，这一过程需要尽量收集数量多、类型全的葡萄酒样品以建立模型，且所建模型的适应性是否能真正满足实

际生产应用需要也须考虑。葡萄酒成分的测定是葡萄酒品质检验的关键所在，但其化学组分复杂，某些关键组分往往由于含量过低而在红外上吸收过弱，灵敏度较低，因此需要研究人员建立不同葡萄酒产品的不同理化成分或产地、年份、品种等的特征指纹库，并且通过精确解谱来确定影响葡萄酒品质的特征或综合质量指标，全面掌握光谱信息以找到最有效的鉴别波段，提高检测的针对性及信息来源的广泛覆盖性。

例如，在产品鉴别方面，张军等利用 ATR-FTIR 对 3 个产地的玫瑰香葡萄酒建立了 SVM 产地判别模型，正确率、识别率和拒绝率均达到 98%以上。向伶俐等采用 PLS-DA 分别对来自中国 4 个不同葡萄主产区的 153 个酒样的近红外透射光谱和中红外衰减全反射光谱进行分析，并建立了产区判别模型，并结合 Bayes 信息融合技术建立了综合评价模型，所得融合模型平均准确率均优于单一光谱模型。

在陈酿方式的鉴别方面，陶思嘉等结合 PLS-DA 建立了 3 种陈酿方式的干红葡萄酒近红外透射光谱和中红外衰减全反射光谱的陈酿方式判别模型，并结合 Bayes 信息融合技术建立综合评价模型，所得融合模型优于单一光谱模型，建模集准确率为 98.91%，检验集准确率为 98.75%。唐建波等以 ATR-FTIR 应用于 3 种陈酿方式的 96 个干红葡萄酒的识别，使用 PLS-DA 和 SVM 建立判别模型，结果表明不同模式识别方法所建模型建模集、预测集的判别率均高于 90%。

主要参考文献

[1] 王仕佐，黄平．论中国的葡萄酒文化［J］．酿酒科技，2009（11）：136-143.

[2] 王少良．中国古代葡萄酒文化琐谈［J］．边疆经济与文化，2015（11）：49-52.

[3] 杨欢．吉林省不同地区主栽山葡萄品种的品质及酿酒特性研究［D］．长春：吉林农业大学，2016.

[4] 舒楠．山葡萄新品种“北国红”酿酒特性和干红酒酿制工艺的研究［C］．北京：中国农业科学院，2019.

[5] 刘欢，何文兵，李乔，等．通化葡萄产区主栽 4 个品种品质的比较［J］．食品科学，2017，38（17）：107-113.

[6] 宋润刚，杨玉平，路文鹏，等．山葡萄新品种“北冰红”和“左优红”在吉林省柳河县大面积生产栽培的表现［J］．北方园艺，2011（10）：32-34.

[7] 屈慧鸽，邓军哲．两个抗寒酿酒山葡萄品种——“左山一”和“左山二”［J］．葡萄栽培与酿酒，1994：20-21.

[8] 贾金辉．十种酿酒葡萄的抗寒性比较与酿酒品质特性研究［C］．秦皇岛：河北科技师范学院，2018.

[9] 杨欢，舒楠，路文鹏，等．三种澄清剂在山葡萄原酒澄清过程中的表现［J］．北方园艺，2017（22）：142-148.

[10] 宋润刚，路文鹏，沈育杰，等．山葡萄新品种“左优红”果实色素及干红酒理化指标检测分析［J］．中外葡萄与葡萄酒，2005：8-9，13.

[11] 张欢，王丽慧，李冰，等．酿酒葡萄渣单宁及主要营养成分含量分析［J］．饲料工业，2019，40（19）：11-15.

[12] 蒋志东．吉林柳河山葡萄酿酒特性及干红工艺的研究［C］．杨凌：西北农林科技大学，2009.

[13] 倪浩军，李达．不同品种酿酒葡萄皮渣提取物的体外抗氧化活性测定［J］．食品工业，2015，36（12）：142-145.

[14] 宋润刚，路文鹏，沈育杰，等．真伪山葡萄酒鉴定方法的研究［J］．中外葡萄与葡萄酒，2006：7-9，13.

[15] 宋润刚，路文鹏，沈育杰，等．山葡萄新品种“左优红”果实色素及干红酒理化指标检测分析［J］．中外葡萄与葡萄酒，2005：8-9，13.

[16] 张亚飞，姚瑶，杜林笑，等．基于主成分分析的新疆多地酿酒葡萄赤霞珠品质分析及最适采收期［J］．食品工业科技，2020，41（2）：227-232.
[17] 邓军哲，屈慧鸽．葡萄酒的降酸方法综述——兼谈山葡萄酒的降酸［J］．特产研究，1992（3）：22-26.
[18] 杨颖琼，刘洪章，路文鹏．葡萄延迟采收研究进展［J］．特产研究，2016，38（1）：69-73.
[19] 杨颖琼．"北国蓝"山葡萄延迟采收果实品质及酿酒特性研究［D］．长春：吉林农业大学，2016.
[20] 舒楠，谢苏燕，路文鹏，等．延迟采收及不同酿造工艺对北国红山葡萄干红酒单宁含量影响［J］．中国酿造，2019，38（2）：173-176.
[21] 谢苏燕，路文鹏，舒楠，等．霜后采收对北国蓝葡萄酒及蒸馏酒香气成分的影响［J］．酿酒科技，2020（4）：36-41.
[22] 金宇宁，舒楠，谢苏燕，等．延迟采收对北冰红葡萄及蒸馏酒中挥发性成分的影响［J］．中国酿造，2020，39（12）：140-145.
[23] 刘欢，李皓，陈长武，等．通化产区山葡萄酒酿造过程中理化性质变化［J］．食品工业，2018，39（11）：8-11.
[24] LOURDES M，LUCÍA L，PEDRO M-I，et al. Natural extracts from grape seed and stem by-products in combination with colloidal silver as alternative preservatives to SO_2 for white wines：Effects on chemical composition and sensorial properties［J］. Food Research International，2019（125）：108594.
[25] ROCÍO G，MARÍA I-F，TRISTAN R，et al. Development and characterization of a pure stilbene extract from grapevine shoots for use as a preservative in wine［J］. Food Control，2021（121），107684.
[26] 袁梦，马雷，李杰，等．添加洋葱汁和二氧化硫的赤霞珠红葡萄酒发酵的比较［J］．食品与发酵工业，2022，48（3）：170-176.
[27] 王树庆，李保国，范维江，等．无二氧化硫添加葡萄酒酿造技术研究进展［J］．酿酒，2020，47（3）：4-7.
[28] 薄慧杰，张爱华，潘勇，等．果酒中二氧化硫、非酚类和酚类物质抗氧化能力的研究［J］．食品工程，2019（2）：20-26.
[29] 胡名志．葡萄酒弃二氧化硫的探析［J］．酿酒，2016，43（4）：84-87.
[30] 胡名志．论述葡萄酒中的二氧化硫［J］．酿酒，2016，43（3）：29-31.
[31] 王秀君，王军，沈育杰．山葡萄酒发酵过程中糖、酸、乙醇的变化研究［J］．食品科技，2007（7）：118-121.
[32] 杨颖琼，张庆田，刘洪章，等．山葡萄酒发酵过程中营养成分变化的研究

[J]. 食品工业，2016，37（12）：167-171.
[33] 裴辰玉，张薇，李悦，等. CO_2 浸渍法对北冰红山葡萄酒中成分影响的研究[J]. 食品工业，2019，40（3）：315-319.
[34] 刘晶，王华，李华，等. CO_2 浸渍发酵法研究进展[J]. 食品工业科技，2012，33（3）：369-372.
[35] 王晓红，王霞. 白兰地的蒸馏理论[J]. 酿酒科技，2001（4）：47-46.
[36] 张将. 蒸馏方式与釜间连管保温对樱桃白兰地挥发性物质的影响[D]. 济南：齐鲁工业大学，2015.
[37] 马德秀. 香梨果酒发酵及白兰地蒸馏陈酿技术的研究[D]. 乌鲁木齐：新疆农业大学，2021.
[38] 王华，张莉，丁吉星，等. 山葡萄“北冰红”起泡葡萄酒研发与评价[J]. 食品与发酵工业，2015，41（7）：93-98.
[39] 鲁榕榕. 瓶内二次发酵及带酒泥陈酿对“贵人香”起泡葡萄酒品质影响的研究[D]. 兰州：甘肃农业大学，2018.
[40] 郑永丽. 低醇葡萄酒的脱醇工艺及产品研发[D]. 银州：宁夏大学，2021.
[41] 陆正清. 葡萄酒的病害与败坏及其防治[J]. 酿酒科技，2008（3）：29-31.
[42] 高学峰，杨继红，王华. 葡萄及葡萄酒生产过程中副产物的综合利用研究进展[J]. 食品科学，2015，36（7）：289-295.
[43] LIU Y，ROUSSEAUX S，TOURDOT-MARÉCHAL R，et al. Wine microbiome：A dynamic world of microbial interactions [J]. Crit Rev Food Sci Nutr，2017，57（4）：856-873.
[44] 何倩. 葡萄酒香气成分分析方法[J]. 食品安全导刊，2020（30）：106.
[45] 邵志芳. 葡萄酒品质分析方法研究进展[J]. 中国酿造，2015，34（4）：17-20.
[46] 刘司琪，王锡昌，王传现，等. 基于红外光谱的葡萄酒关键质量属性快速分析评价研究进展[J]. 食品科学，2017，38（19）：268-277.
[47] 魏永恬，王敬. 山葡萄酒酿造[M]. 北京：中国轻工业出版社，1959.
[48] 魏永田. 山葡萄栽培与酿酒[M]. 长春：吉林人民出版社，1980.
[49] 朱梅，李文庵，郭其昌. 葡萄酒工艺学[M]. 北京：中国轻工业出版社，1983.
[50] 刘玉田. 现代葡萄酒酿造技术[M]. 济南：山东科学技术出版社，1990.
[51] 李华. 现代葡萄酒工艺学[M]. 西安：陕西人民出版社，2000.
[52] 沈育杰，郭太君. 山葡萄栽培及酿酒技术[M]. 北京：中国劳动社会保障出版社，2001.

[53] 李华，王华，袁春龙，等．葡萄酒工艺学［M］. 北京：科学出版社，2007.
[54] 张存智，张军翔．葡萄酒生产技术与工艺理论实训［M］. 银川：宁夏人民教育出版社，2010.
[55] 曹芳玲．葡萄酒生产技术［M］. 北京：阳光出版社，2018.